高职高专计算机系列规划教材

C 语言程序设计实训教程
（第二版）

宋海民　贾学斌　主　编
陈　舰　副主编

中国铁道出版社
CHINA RAILWAY PUBLISHING HOUSE

内 容 简 介

本书是《C 语言程序设计（第二版）》的配套实训教材。全书共分 5 章，包括 Visual C++ 6.0 集成开发环境、C 程序设计上机实训、二级 C 语言等级考试辅导、二级 C 语言等级考试模拟试题精选、习题与解答等内容。

本书是一本实用性较强的 C 语言程序设计实训教程和二级 C 语言等级考试辅导教材。本书适合作为高职高专各专业学生学习 C 语言程序设计的实训教材，也可供在校教师以及相关专业工程技术人员参考使用，对于参加全国计算机等级考试二级 C 语言考试的读者也具有一定的辅导价值。

图书在版编目（CIP）数据

C 语言程序设计实训教程 / 贾学斌，宋海民主编. —
2 版. —北京 ：中国铁道出版社，2011.12
高职高专计算机系列规划教材
ISBN 978-7-113-13740-3

Ⅰ. ①C… Ⅱ. ①贾… ②宋… Ⅲ. ①
C 语言－程序设计－高等职业教育－教材 Ⅳ. ①TP312

中国版本图书馆 CIP 数据核字（2011）第 222612 号

书　　名：	C 语言程序设计实训教程（第二版）	
作　　者：	宋海民　贾学斌　主编	

策　　划：王春霞		读者热线：400-668-0820
责任编辑：翟玉峰		
编辑助理：何　佳		
封面设计：付　巍		
封面制作：白　雪		
责任印制：李　佳		

出版发行：中国铁道出版社（100054，北京市西城区右安门西街 8 号）
网　　址：http://www.edusources.net
印　　刷：北京东海印刷有限公司
版　　次：2007 年 1 月第 1 版　2011 年 12 月第 2 版　2011 年 12 月第 3 次印刷
开　　本：787mm×1092mm　1/16　印张：13.5　字数：321 千
印　　数：6 001～9 000 册
书　　号：ISBN 978-7-113-13740-3
定　　价：25.00 元

第二版前言

目前，高等职业院校在很多专业都普遍开设了"C语言程序设计"的课程，全国计算机等级考试、全国计算机应用技术证书考试（NIT）和全国各地区组织的大学生计算机统一考试都将C语言程序设计列入考试范围。在面向对象程序设计已经成为软件开发主流的今天，开发系统程序（如操作系统和嵌入式系统等）和底层应用程序（如接口程序、通信和自动控制等）时，仍然是非C语言程序设计莫属，C语言程序设计的编程思想依然是一棵常青树。学习"C语言程序设计"已经成为广大计算机应用人员和广大学生的迫切要求。

本书是贾学斌、宋海民主编的《C语言程序设计（第二版）》教材的配套实训教材。书中 C语言程序设计实训和二级C语言等级考试辅导编排次序与教材的章节次序基本同步，方便老师一体化教学，方便读者"边学边做"、"边做边学"。本书以《C语言程序设计（第二版）》教材为理论基础，以C语言程序设计上机实训与全国计算机等级考试二级C语言考试辅导为主要目的，综合了相关教学大纲，注重实践、编程、开发能力及应试能力的培养。

C语言程序设计是一门实践性很强的课程，既要掌握概念，又要动手编程，还要上机调试程序，本书自第一版2007年1月出版以来，得到许多读者的关心，收到很多宝贵的意见。根据读者的意见和高职高专的教学大纲，根据"C语言程序设计"课程一体化教学以能力培养为核心的思想，为使C语言程序设计的教学能够与时俱进，我们对第一版的教材进行了修订，出版第二版。第二版保持了第一版的写作风格，保留了通俗易懂的特点，发扬了原有的特色。

本书较之第一版有以下几个方面的修订：

（1）本书使用的开发环境由 Turbo C 2.0 改为 Visual C++ 6.0 集成开发环境，为此将原第一版中第1章内容全部删除，改写为 Visual C++ 6.0 集成开发环境的有关内容。

（2）删除第一版教材中第2章有关图形与图像处理的实训内容，增加了项目开发实训内容，通过学生成绩管理系统的开发，使读者掌握C语言程序设计项目开发全过程，对部分实训项目进行了更新。

（3）删除第一版教材中第3章二级C语言等级考试指南的内容，将函数和变量的作用域和存储类型辅导进行了合并，并订正了相应的错误。

（4）对第一版教材中第4章二级C语言等级考试模拟试题进行了部分更新。

（5）删除第一版教材中第5章的全部50个习题及程序源代码，更新为新的50个习题及程序源代码。

（6）删除原教材中附录 A Turbo C 2.0 编译时的错误和警告信息。增加了全国计算机等级考试公共基础知识考试大纲、全国计算机等级考试二级C语言应试技巧等内容。

本书共有5章及4个附录。主要章节包括：第1章 Visual C++6.0 集成开发环境；第2章 C程序设计上机实训；第3章 二级C语言等级考试辅导；第4章 二级C语言等级考试模拟试题精选；第5章 习题与解答。附录A 全国计算机等级考试二级C语言考试大纲；附录B 全国计算机等级考试公共基础知识考试大纲；附录C 全国计算机等级考试二级C语言应试技巧；附录D 实训报告书写参考格式。

本书介绍的知识和程序具有通用性，基本可以适用于任何计算机系统和C语言版本，但是要注意，不同的 C 语言版本是有一些差别的。书中的实训题目和习题全部在 Visual C++6.0 集成开发环境上调试通过。

本书适合作为高职高专相关专业的实训课程教材，还可供读者自学使用。

本书由武汉职业技术学院宋海民、贾学斌任主编，第 1 章至第 4 章由宋海民编写，第 5 章由贾学斌编写，附录由陈舰编写。

许多领导及老师对本书的出版给予了热情的支持，本书在编写过程中得到了周桂枝老师、张伟老师的帮助以及中国铁道出版社的通力合作，在此一并表示感谢。

感谢广大老师及读者选择本书，本书力争写出作者的经验和体会，对第一版中发现的疏漏进行了修改，但书中不足之处在所难免，恳请广大读者批评指正。

编者 E-mail：haiminsong@126.com。

编 者

2011 年 9 月于武汉

第一版前言

C语言是近年来国内外得到迅速推广使用的一种高级编程语言。目前，高等院校普遍开设了 C 语言的课程，学习 C 语言成为广大计算机应用人员和编程人员的迫切要求。

本书是贾学斌老师主编的《C 语言程序设计》的配套实训教材。书中 C 语言程序设计实训和二级 C 语言等级考试辅导编排次序与教材的章节次序相同，方便读者学完一章后巩固练习。本书以《C 语言程序设计》为理论基础，以 C 语言程序设计上机实训与全国计算机等级考试二级 C 语言程序设计考试辅导为主要目的，综合了相关教学大纲，注重实践、编程、开发能力及应试能力的培养。

本书共有 5 章及 3 个附录。主要章节包括：第 1 章 Turbo C 集成开发环境；第 2 章 C 语言程序设计上机实训；第 3 章二级 C 语言等级考试辅导；第 4 章二级 C 语言等级考试模拟试题精选；第 5 章经典习题与解答。附录 A 为 Turbo C 2.0 编译时的错误和警告信息；附录 B 为全国计算机等级考试二级 C 语言程序设计考试大纲；附录 C 为实训报告书写参考格式。

本书具有如下特色：

1. 考虑学习特点，突出易学性

充分考虑到初学者学习 C 语言的特点，本书按照循序渐进、难点分散的原则组织内容。通过图示和表格来讲解 Turbo C 集成开发环境的使用方法。

2. 注重基础内容，突出实用性

C 语言博大精深。在上机实训的内容摘要里精选了最基本，对初学者最重要、最实用的内容进行介绍，不刻意追求所谓的全面和详尽。对于较生僻的内容，也从概念讲解入手进行简单介绍，以保证 C 语言的完整性。本书力求做到内容新颖、实用，逻辑性强，完整性好，且又突出重点。

3. 强化编程思想，突出应用性

全书始终强化编程思想，通过实例及实际编程，有意识地不断强化，给读者以潜移默化的影响。由于程序设计语言是实践性很强的课程，因此，实训内容给出 13 个实训项目，64 个编程题目，读者通过多次上机实践，可以尽快掌握 C 语言的编程方法和提高实践动手的能力。

4. 加强辅导，突出针对性

为了满足读者参加二级 C 语言等级考试的需要，书中对此有针对性地给出了辅导，精心编写了 4 套笔试及上机模拟试题。

本书介绍的知识和程序具有通用性，基本可以适用于任何计算机系统和 C 版本，但是要注意，不同的 C 语言版本是有一些差别的。在 Turbo C 2.0 环境下使用汉字，需要加载汉字操作系统（如 UCDOS）；在 Turbo C 3.0 for Windows 环境下可以直接输入汉字。本书所举的全部 C 程序都在 Turbo C 2.0 和 Turbo C 3.0 for Windows 环境下调试通过。

本书可作为高职高专相关专业的实训课程教材，还可供读者自学使用。

本书由武汉职业技术学院贾学斌、宋海民主编，第 1 章至第 4 章由宋海民编写，第 5 章由贾学斌编写，附录由陈舰编写。

总之，作者的目的是力求把本书写成一本关于 C 语言程序设计的集基本功训练、常见错误解析、程序范例和辅导等于一体的读物。

许多领导及老师对本书的出版给予了热情的支持，在编写过程中还得到了周桂枝、张伟两位老师的帮助，在此一并表示感谢。

感谢读者选择使用本书，由于编者水平有限，时间仓促，书中不足之处在所难免，恳请广大读者批评指正。如有批评和建议，请发至 jxbin130@sina.com。

编 者

2006 年 8 月

目　录

第 1 章　Visual C++ 6.0 集成开发环境

1-1　Visual C++ 6.0 集成开发环境的使用

Microsoft Visual C++ 6.0（以下简称 VC++ 6.0）是 Microsoft Visual Studio 家族的成员，是 Microsoft 公司推出的目前使用极为广泛的基于 Windows 平台的可视化集成开发环境。VC++ 6.0 可以创建许多不同种类的应用程序，不仅可以开发 C++程序，也可以开发 C 程序。

在 VC++ 6.0 开发环境中，一个 C 应用程序被称为一个项目或工程（Project），它是由应用程序中所需的所有文件组成的一个有机整体，一般包括源文件、头文件、资源文件等。项目被置于项目工作区（Workspace）的管理之下。一个项目工作区可以包含多个项目，甚至是不同类型的项目。这些项目之间相互独立，但共用一个项目工作区的环境设置。

1-1-1　VC++ 6.0 开发环境概述

1. VC++ 6.0 的启动

在 Windows XP 操作系统上成功安装了 VC++ 6.0 以后，可用多种方法启动它，如图 1-1 所示，在"开始"菜单的"程序"子菜单中选择 Microsoft Visual C++ 6.0 程序组的 Microsoft Visual C++ 6.0 命令，进入 VC++ 6.0 集成开发环境。

图 1-1　启动 Microsoft Visual C++ 6.0

2. VC++ 6.0 主窗口

VC++ 6.0 主窗口由标题栏、菜单栏、工具栏、项目工作区窗口、编辑窗口、输出窗口和状态栏组成，如图 1-2 所示。

最上端的标题栏显示应用程序名和所打开的文件名（最大化时），标题栏的下面是菜单栏和工具栏。工具栏的左下方是工作区窗口，右下方是编辑窗口，再下面是输出窗口，主要用于显示项目建立过程中所产生的错误信息，最下方是状态栏，显示当前操作或所选命令的提示信息。

·1·

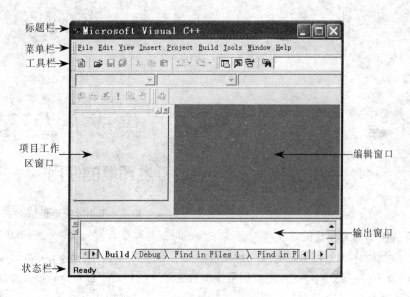

标题栏→
菜单栏→
工具栏→
项目工作
区窗口→
→编辑窗口
→输出窗口
状态栏→Ready

图 1-2　Visual C++ 6.0 主窗口

3. 菜单栏

在开发环境界面中，菜单栏如图 1-3 所示，VC++ 6.0 开发环境大部分功能都是通过菜单来完成的，因此，首先了解各个菜单命令的基本功能。

File Edit View Insert Project Build Tools Window Help

图 1-3　菜单栏

（1）File 菜单。File 菜单中的命令主要用于对文件和项目进行操作，如"新建"、"打开"、"保存"、"打印"等，File 菜单中各项命令的快捷键及功能描述如表 1-1 所示。

表 1-1　File 菜单命令的快捷键及功能描述

菜 单 命 令	快 捷 键	功 能 描 述
New	Ctrl+N	创建一个新项目或文件
Open	Ctrl+O	打开已有的文件
Close		关闭当前文件
Open Workspace		打开已有的项目
Save Workspace		保存当前项目
Close Workspace		关闭当前项目
Save	Ctrl+S	保存当前文件
Save As		将当前文件另存
Save All		保存所有打开的文件
Page Setup		文件打印的页面设置
Print	Ctrl+P	打印当前文件内容或选定的当前内容
Recent Files		打开最近的文件
Recent Workspace		打开最近的项目
Exit		退出 Visual C++开发环境

（2）Edit 菜单。Edit 菜单中的命令主要用于使用户便捷地编辑文件内容，如进行删除、复制等操作。Edit 菜单中各项命令的快捷键及功能描述如表 1-2 所示。

表 1-2　Edit 菜单命令的快捷键及功能描述

菜单命令	快捷键	功能描述
Undo	Ctrl+Z	撤销上一次的操作
Redo	Ctrl+Y	恢复被撤销的操作
Cut	Ctrl+X	剪切当前选定的内容并移至剪贴板
Copy	Ctrl+C	复制当前选定的内容并移至剪贴板
Paste	Ctrl+V	粘贴剪贴板中的内容到光标当前位置
Delete	Del	删除当前选定的对象或光标位置处的字符
Select All	Ctrl+A	选定当前活动窗口中的全部内容
Find	Ctrl+F	查找指定的字符串
Find in Files		在指定的多个文件（夹）中查找字符串
Replace	Ctrl+H	替换指定的字符串
Go to	Ctrl+G	将光标移到指定的位置处
Bookmark	Alt+F2	在光标当前位置处定义一个书签
Advanced		其他一些编辑操作（如将指定内容进行大小写转换）
Breakpoints	Alt+F9	在程序中设置断点
List Members	Ctrl+ Alt+T	启用"智能感知"的"列出成员"功能
Type Info	Ctrl+T	启用"智能感知"的"类型信息"显示功能
Parameter Info	Ctrl+Shift+Space	启用"智能感知"的"参数信息"显示功能
Complete Word	Ctrl+Space	启用"智能感知"的"完成单词"功能

（3）View 菜单。View 菜单中的命令主要用于改变窗口和工具栏的显示方式，激活调试时所用的各个窗口等。View 菜单中各项命令的快捷键及功能描述如表 1-3 所示。

表 1-3　View 菜单命令的快捷键及功能描述

菜单命令	快捷键	功能描述
Class Wizard	Ctrl+W	弹出类编辑对话框
Resouce Symbols		显示和编辑资源文件中的资源标识符（ID 号）
Resouce Includes		修改资源包含文件
Full Screen		切换到全屏显示方式
Workspace	Alt+0	显示并激活项目工作区窗口
Output	Alt+2	显示并激活输出窗口
Debug Windows		操作调试窗口
Refresh		刷新当前选定对象的内容
Properties	Alt+Enter	编辑当前选定对象的属性

（4）Insert 菜单。Insert 菜单中的命令主要用于项目及资源的创建和添加。Insert 菜单中各项命令的快捷键及功能描述如表 1-4 所示。

表 1-4　Insert 菜单命令的快捷键及功能描述

菜单命令	快捷键	功能描述
New Class		插入一个新类
New Form		插入一个新的表单类
Resouce	Ctrl+R	插入指定类型的新资源
Resouce Copy		为所选定的资源创建多个备份
File As Text		在当前光标位置处插入文本文件内容
New Alt Object		插入一个新的 Alt 对象

（5）Project 菜单。Project 菜单中的命令主要用于项目的一些操作，如项目中添加源文件等。Project 菜单中各项命令的快捷键及功能描述如表 1-5 所示。

表 1-5　Project 菜单命令的功能描述

菜单命令	功能描述
Set Active Project	设置当前激活的项目，只在同时打开多个项目的时候有用
Add To Project→	创建新的文件或项目，并添加到当前的工作空间中
Source Control	源代码选项设置
Dependencies	设置项目间的依赖关系
Settings	设置项目的各个属性选项
Export Makefile	将项目文件导出成 Make 文件
Insert Project into Workspace	向当前的工作空间中插入项目，可以多项目同时打开

（6）Build 菜单。Build 菜单中的命令主要用于应用程序的编译、连接、调试、运行。Project 菜单中各项命令的快捷键及功能描述如表 1-6 所示。

表 1-6　Build 菜单命令的快捷键及功能描述

菜单命令	快捷键	功能描述
Compile XXX	Ctrl+F7	编译 C/C++源代码文件
Build XXX.exe	F7	生成应用程序的 EXE 文件（编译、连接又称编连）
Rebuild All		重新编连整个项目文件
Batch Build		成批编连多个项目文件
Clean		清除所有编连过程中产生的文件
Start Debug		启动调试器的一些操作
Debugger Remote Connection		设置远程调试连接的各项环境设置
Execute XXX.exe	Ctrl+F5	执行应用程序
Set Active Configuration		设置当前项目的配置

续表

菜单命令	快 捷 键	功 能 描 述
Configuration		设置、修改项目的配置
Profile		为当前应用程序设定各选项

（7）Tools 菜单。Tools 菜单中的命令主要用于选择或定制开发环境中的一些实用工具。Tools 菜单中各项命令的快捷键及功能描述如表 1-7 所示。

表 1-7　Tools 菜单命令的快捷键及功能描述

菜 单 命 令	快 捷 键	功 能 描 述
Source Browser	Alt+F12	浏览对指定对象的查询及其相关信息
Close Source Browser File		关闭浏览信息文件
Customize		定制菜单及工具栏
Options		定制开发环境的各种设置
Macro		进行宏操作
Record Quick Macro	Ctrl+Shift+R	录制新宏
Play Quick Macro	Ctrl+Shift+P	运行新录制的宏

（8）Windows 菜单。Windows 菜单中的命令主要用于文档窗口的操作，如排列文档窗口、打开、关闭一个文档窗口或切分文档窗口等。Windows 菜单中各项命令的快捷键及功能描述如表 1-8 所示。

表 1-8　Windows 菜单命令的快捷键及功能描述

菜单命令	快 捷 键	功 能 描 述
New Windows		为当前文档内容的显示打开另一个新窗口
Split		文档窗口切分命令
Docking View	Alt+F6	浮动显示项目工作区窗口
Close		关闭当前文档窗口
Close All		关闭所有打开过的文档窗口
Next		激活并显示下一个文档窗口
Previous		激活并显示上一个文档窗口
Cascade		层叠所有的文档窗口
Tile Horizontally		多个文档窗口上下依次排列
Tile Vertically		多个文档窗口左右依次排列
Windows		文档窗口操作

（9）Help 菜单。Help 菜单中的命令主要用于提供大量详细的帮助信息。Help 菜单中各项命令的快捷键及功能描述如表 1-9 所示。

表 1-9　Help 菜单命令及功能描述

菜单命令	功 能 描 述
Contents	按"文件夹"方式显示帮助信息

菜单命令	功　能　描　述
Search	用查询方式获得帮助
Index	按"索引"方式显示帮助信息
Use Extension Help	选中此命令，按【F1】键或其他帮助命令将显示外部的帮助信息；若此命令未选中则启动 MSDN
Keyboard　Map	显示所有键盘命令
Tip of the Day	显示"每天一贴"对话框
Technical Support	用微软技术支持的方式获得帮助
Microsoft on the Web	微软网站
About Visual C++	Visual C++的版本、注册等信息

4．工具栏

工具栏是一种图形化的操作界面，具有直观和快捷的特点。工具栏是一系列工具按钮的组合。当鼠标停留在工具栏按钮上时，按钮凸起，主窗口底端的状态栏上显示出该按钮的一些提示信息。工具栏上的按钮通常和一些菜单命令相对应，提供一些执行常用命令的快捷方式。

VC++ 6.0 开发环境显示的工具栏有：标准工具栏、类向导工具栏以及小型编连工具栏。

（1）基本工具栏：

① 标准工具栏。标准工具栏中工具按钮命令大多是常用的文档编辑命令，如图 1-3 所示。

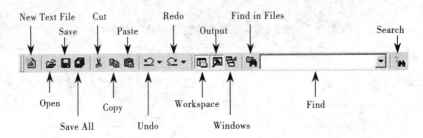

图 1-3　标准工具栏

② 类向导工具栏。类向导工具栏是将 VC++ 6.0 使用频率最高的类编辑对话框功能体现为 3 个相关联的组合框和 1 个 Actions 控制按钮，如图 1-4 所示。3 个组合框分别表示类信息（Class）、选择相应类的资源标识（Filter）和相应类的成员函数（Members）。单击 Actions 控制按钮可以将光标移动到指定类成员函数在相应源文件的定义和声明的位置处。单击 Actions 旁的下拉按钮会弹出一个快捷菜单，从中可以选择要执行的命令。

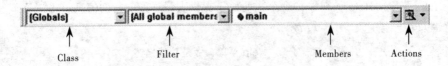

图 1-4　类向导工具栏

③ 小型编连工具栏。小型编连工具栏提供了常用的编译、连接操作命令，如图 1-5 所示。表 1-10 列出了各个按钮命令及功能描述。

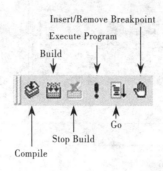

图 1-5　小型编连工具栏

表 1-10　按钮命令及功能描述

按　钮　命　令	功　能　描　述
Complie（Ctrl+F7）	编译 C 或 C++源代码文件
Build（F7）	生成应用程序的.exe 文件
Stop Build（Ctrl + Break）	停止编连
Execute Program（Ctrl+F5）	执行应用程序
Go（F5）	单步执行
Insert/Remove Breakpoint（F9）	插入或消除断点

说明：工具栏上的按钮有时处于未激活状态，例如，标准工具栏的 Copy 按钮在没选定对象前是灰色的，这时用户无法使用它。

（2）工具栏的显示与隐藏。VC++ 6.0 拥有非常丰富的工具栏，用户可根据不同的需要选择打开相应的工具栏，或隐藏不用的工具栏。

① Customize 对话框方式。选择 Tools→Customize 命令，弹出 Customize 对话框，如图 1-6 所示。单击 Toolbars 选项卡，将显示出所有的工具栏名称，若要显示某工具栏，只须单击该工具栏名称前的复选框，使得复选框带有选中标记即可；同样操作再进行一次，工具栏名称前面的复选框的选中标记将去除，该工具栏就会被隐藏。

② 快捷菜单方式。在开发环境中任何工具栏处右击，就会弹出一个包含工具栏名称的快捷菜单，如图 1-7 所示。单击工具栏的名称，便可显示工具栏，使得菜单栏名称前面复选框带有选中标记；再次单击工具栏的名称，便可隐藏工具栏。

5. 项目和项目工作区

一个 Windows 应用程序通常有许多源代码文件以及菜单、工具栏、对话框、图标等文件，这些文件都将纳入应用程序的项目中。通过对项目工作区的操作，可以显示、修改、添加、删除这些文件。项目工作区可以管理多个项目。

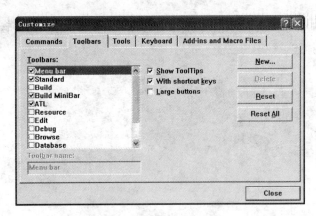

图 1-6 Customize 对话框　　　　　　　　　图 1-7 快捷菜单

在 VC++ 6.0 中，项目中所有的源文件都是采用文件夹的方式进行管理的，它用项目名作为文件夹名，在此文件夹下包含源程序代码文件（.c、.cpp 或.h）、项目文件（.dsp）以及项目工作区文件（.dsw）等。表 1-11 列出了部分文件类型的功能描述。

表 1-11　VC++ 6.0 扩展名及其功能描述

文件扩展名	功　能　描　述
.aps	存放二进制资源的中间文件，VC 把当前资源文件转换成二进制格式，并存放在 APS 文件中，以加快资源装载速度。其属于资源辅助文件
.bsc	浏览信息文件，由浏览信息维护工具（BSCMAKE）从原始浏览信息文件（.sbr）中生成，BSC 文件可以用来在源代码编辑窗口中进行快速定位。用于浏览项目信息的，如果用 source brower 的话就必须有这个文件。可以在 project options 里去掉 Generate Browse Info File，这样可以加快编译进度
.c	用 C 语言编写的源代码文件
.clw	ClassWizard 生成的用来存放类信息的文件。ClassWizard 信息文件为 ini 文件的格式
.cpp 或.cxx	用 C++语言编写的源代码文件
.dsp	VC 开发环境生成的工程文件，VC4 及以前版本使用 MAK 文件来定义工程。项目文件，文本格式
.dsw	VC 开发环境生成的 WorkSpace 文件，用来把多个工程组织到一个 WorkSpace 中。工作区文件，与.dsp 差不多
.exp	由 LIB 工具从 DEF 文件生成的输出文件，其中包含了函数和数据项目的输出信息，LINK 工具将使用 EXP 文件来创建动态链接库。只有在编译 DLL 文件时才会生成，记录了 DLL 文件中的一些信息
.h 、 .hpp 或.hxx	用 C/C++语言编写的头文件，通常用来定义数据类型，声明变量、函数、结构和类
.hpj	由 Help Workshop 生成的 Help 工程文件，用来控制 Help 文件的生成过程
.ilk	连接过程中生成的一种中间文件，只供 LINK 工具使用
.lib	库文件，LINK 工具将使用它来连接各种输入库，以便最终生成 EXE 文件
.map	由 LINK 工具生成的一种文本文件，其中包含有被连接的程序的某些信息，例如程序中的组信息和公共符号信息等。执行文件的映像信息记录文件
.mdp	旧版本的项目文件，相当于.dsp
.ncb	NCB 是 "No Compile Browser" 的缩写，其中存放了供 ClassView、WizardBar 和 Component Gallery 使用的信息，由 VC 开发环境自动生成。无编译浏览文件。当自动完成功能出问题时可以删除此文件。编译工程后会自动生成

续表

文件扩展名	功　能　描　述
.obj	由编译器或汇编工具生成的目标文件，是模块的二进制中间文件
.opt	VC 开发环境自动生成的用来存放 WorkSpace 中各种选项的文件；工程关于开发环境的参数文件，如工具条位置信息等
.pch	预编译头文件，比较大，由编译器在建立工程时自动生成，其中存放有工程中已经编译的部分代码，在以后建立工程时不再重新编译这些代码，以便加快整个编译过程的速度
.pdb	程序数据库文件，在建立工程时自动生成，其中存放程序的各种信息，用来加快调试过程的速度。记录了程序有关的一些数据和调试信息
.plg	编译信息文件，编译时生成的 error 和 warning 信息的文件

　　除了上述文件外，还有相应的 Debug（调试）、Release（发行）或 Res（资源）等子文件夹。

　　在 VC++ 6.0 集成开发环境中，项目是通过左边的项目工作区窗口来进行管理的。项目工作区窗口包含 3 个面板：Class View 面板、Resource View 面板和 File View 面板。

　　1）Class View（类视窗）

　　Class View 可用于显示项目中所有类信息。在窗口中，每个类名前有一个图标和套在方框中的符号"+"，双击图标，则直接打开并显示类定义的头文件；单击"+"，则会显示该类中的成员函数或成员变量；双击成员函数前的图标，则在文档窗口中直接打开源文件并显示相应的函数体代码，如图 1-8 所示。

　　2）Resource View（资源视窗）

　　Resource View 包含了项目中所有资源的层次列表。在 VC++ 6.0 中每一个图片、字符串值、工具栏、图标或其他非代码元素等都可以看做一种资源。

　　3）File View（文件视窗）

　　File View 可以将项目中的所有文件（C++源文件、头文件、资源文件等）分类显示，如图 1-9 所示。每一类文件在 File View 中都有自己的目录项（文件夹）。例如，C 及 C++源文件都在 Source Files 目录项中。

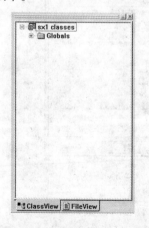

图 1-8　Class View（类视窗）

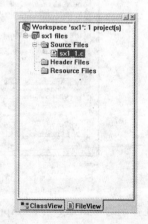

图 1-9　File View（文件视窗）

6. 资源

　　在 Windows 环境下，大多数应用程序除大量源代码文件外，还包含菜单、工具栏、对话框和图标等，VC++ 6.0 集成开发环境下称它们为资源。资源是一种界面成分，用户可以在资源中获取信息并在其中执行某种操作。VC++ 6.0 集成开发环境可以处理的资源有 Accelerator（加速键）、Bitmap（位图）、Cursor（光标）、Dialog（对话框）、Icon（图标）、Menu（菜单）、String Table（串表）、Toolbar（工具栏）、Version（版本信息）等。

1-1-2　建立控制台应用程序

前面简单介绍了 VC++ 6.0 集成开发环境，VC++ 6.0 提供了编制 Windows 环境下运行 DOS 程序的方法，这就是控制台程序。下面以控制台应用程序为例，利用 VC++ 6.0 提供的向导工具，开发 C 应用程序。

1. 创建项目工作区和项目

在 VC++ 6.0 中，程序在项目的管理之下，而项目则在项目工作区的管理之下。因此，开发一个 C 程序，首先要创建一个项目工作区和一个项目，其中，创建工作区和创建项目可以同时完成。

（1）在 VC++ 6.0 开发环境中，选择 File→New 命令，弹出 New 对话框，单击 Projects 选项卡（默认选中）。

（2）在 New 对话框下的 Projects 选项卡中，列出了 VC++ 6.0 可为用户创建的各种类型的应用程序，从中选择 Win32 Console Application，创建一个基于控制台的项目。

（3）在右侧上部 Project name 下的文本框中输入新建项目名称，如 sx1_1。

（4）在右侧中部 Location 下的文本框中输入或选择该项目的存放路径，如 E:\mycfile\sx1_1，并且选中 Create new workspace 单选按钮，如图 1–10 所示，最后单击 OK 按钮。

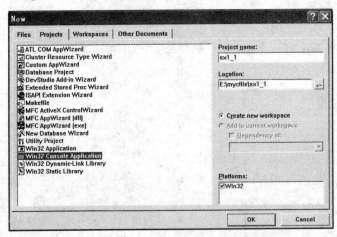

图 1–10　New 对话框下的 Projects 标签

（5）在弹出的 Win32 Console Application 对话框中，显示了四种项目类型，如图 1–11 所示，选择不同的选项，意味着系统会自动生成一些程序代码，为项目增加相应的功能。这里选择 An empty project 单选按钮，表示生成一个没有任何源程序文件的空项目，再单击 Finish 按钮。

（6）在弹出的 New Project Information 对话框中，显示将要创建的新项目的基本信息，如图 1–12 所示，单击 OK 按钮。

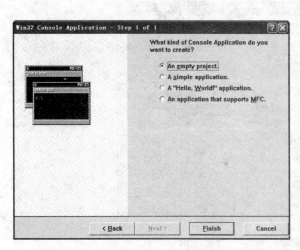
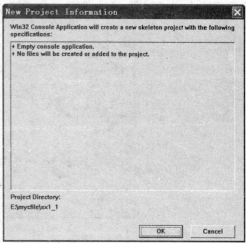

图 1-11　Win32 Console Application 对话框　　　图 1-12　New Project Information 对话框

（7）VC++ 6.0 创建新项目，系统返回主窗口，并在文件夹 mycfile 下生成项目文件夹 sx1_1 及该文件夹下的工作区文件等，并在项目工作区中显示与项目有关的信息（通过 Class View/File View 选项卡切换），如图 1-13 所示。

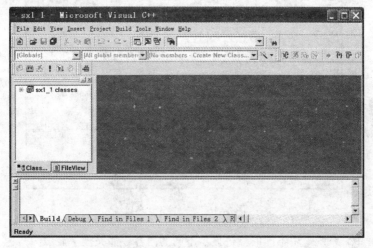

图 1-13　创建了空项目的主窗口

2. 创建和编辑新的 C 源程序文件

创建的空白项目中没有任何文件，可添加各种类型的新文件到项目中。

（1）在 VC++ 6.0 开发环境中，选择 File→New 命令，弹出 New 对话框，单击 Files 选项卡。

（2）在 Files 选项卡中，列出了各种文件类型，从中选择 C++ Source File 选项，然后在确保右侧的 Add to project 复选框被选中的情况下，在 File 下的文本框中输入新建源程序文件名，如 sx1_1.c，如图 1-14 所示。

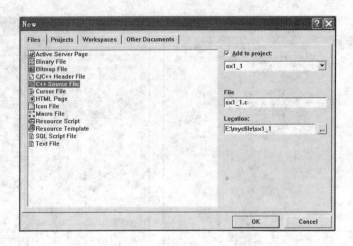

图 1-14　New 对话框下的 Files 选项卡

单击 OK 按钮，系统返回主窗口，创建空的源程序文件 sx1_1.c，将其加入到项目中，并在文件编辑窗口中打开。

（3）在文件编辑窗口中输入【实训 1-1】源程序代码，如图 1-15 所示。

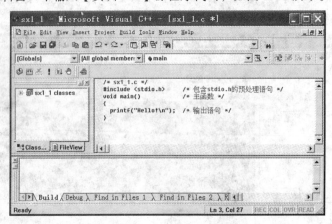

图 1-15　文件编辑窗口

在输入过程中，系统采用不同的颜色显示不同的内容，如关键字显示为蓝色、注释为绿色；还根据输入内容自动缩进，增强源代码的可读性。

（4）输入结束，单击工具栏上的"💾"按钮，保存文件。

3. 打开已存在的项目，编辑 C 源程序文件

（1）启动 VC++ 6.0 开发环境，选择 File→Open Workspace 命令，弹出 Open Workspace 对话框，如图 1-16 所示，在对话框内找到并选择要打开的工作区文件，例如，sx1_1.dsw，单击"打开"按钮，打开项目工作区。

（2）在左侧的项目工作区窗口，单击下方的 File View 面板，打开 Source Files 文件夹，再双击打开要编辑的 C 源程序，例如 sx1_1.c 文件，如图 1-17 所示，在右侧编辑窗口进行编辑和修改。

图 1-16　Open Workspace 对话框

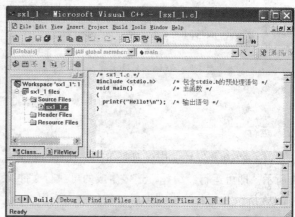

图 1-17　打开已有项目中的源程序编辑、修改

（3）修改结束，单击工具栏上的"🖫"按钮，保存文件。

4．编译

（1）单击编辑窗口中需要编译的源程序，例如 sx1_1.c；选择 Build→Compile sx1_1.c 命令或按【Ctrl+F7】组合键，如图 1-18 所示。

（2）编译成功，系统生成 sx1_1.obj 目标文件，输出窗口如图 1-19 所示，则可进行连接。

图 1-18　编译源程序

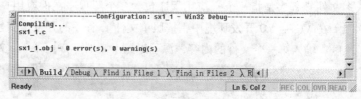

图 1-19　编译输出窗口

6．连接

（1）选择 Build→Build sx1_1.exe 命令，或按【F7】快捷键，如图 1-20 所示。

图 1-20　连接目标文件

（2）连接成功，将目标文件连接生成可执行文件 sx1_1.exe。输出窗口如图 1-21 所示。

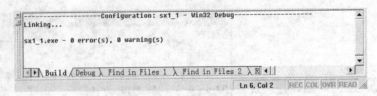

图 1-21　连接输出窗口

7. 运行

在 VC++ 6.0 开发环境中，选择 Build→Execute sx1_1.exe 命令或按【Ctrl+F5】组合键，如图 1-22 所示。即可运行经编译、连接生成的可执行文件 sx1_1.exe。结果显示在 DOS 窗口屏幕上，如图 1-23 所示。查看输出结果后，按任意键返回 VC++ 6.0 的主窗口。

图 1-22　运行可执行文件

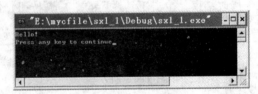

图 1-23　DOS 窗口屏幕

1-1-3　多文件 C 程序的开发

多文件 C 程序是指一个 C 应用程序包含多个源程序文件或用户自定义的头文件。

（1）在 VC++ 6.0 开发环境中，按照单文件 C 程序的开发步骤创建项目 sx1_2 和第一个文件 sx1_2_1.c，输入第一个文件的内容，源程序见【实训 1-2】第一个文件的内容，如图 1-24 所示。

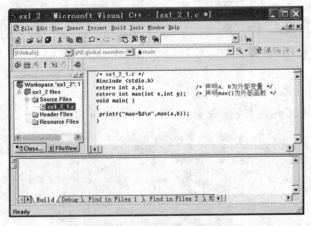

图 1-24　新建的第一个文件编辑窗口

（2）第一个文件编辑完成后，从主菜单中选择 File→New 命令，弹出 New 对话框，单击 Files 选项卡，从中选择 C++ Source File 选项，然后在确保右侧的 Add to project 复选框被选中的情况下，在 File 下的文本框中输入第二个源程序文件名，如 sx1_2_2.c，如图 1-25 所示。

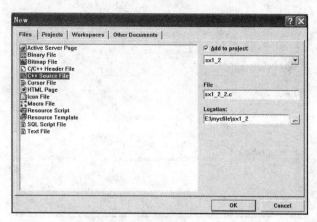

图 1-25　New 对话框下的 Files 选项卡

（3）单击 OK 按钮，系统返回主窗口，创建第二个源程序文件 sx1_2_2.c，输入第二个文件的内容，源程序见【实训 1-2】第二个文件的内容，如图 1-26 所示。这时，展开项目工作区中的 Source Files 文件夹，可以看到文件名 sx1_2_1.c 和 sx1_2_2.c，双击其中的某个文件，可以切换编辑窗口。

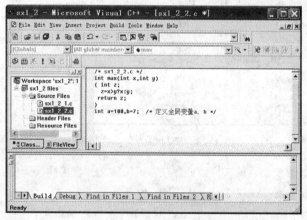

图 1-26　新建的第二个文件编辑窗口

如果还要创建更多的文件，重复步骤（2）和（3），直到所有文件都创建完为止。

用同样的方法可以将用户自定义的一个或多个文件添加到项目中。新建文件时，文件类型可以选择 C++ Source Files 或 C/C++ Header File，若选择 C++ Source Files，则该文件自动存放在工作区的 Source Files 中；若选择 C/C++ Header File，则该文件自动存放在 Header File 中。

（4）编译、连接和运行。

运行结果为：

```
max=100
```

1-1-4　项目中文件的删除和插入

（1）删除文件。如果要将已有项目中的部分文件删除，可以在项目工作区中，切换到 FileView 选项卡，显示该项目的所有文件，然后选中需要删除的文件，如 sx1_2_1.c，如图 1-27 所示。按【Delete】键文件被删除，如图 1-28 所示。

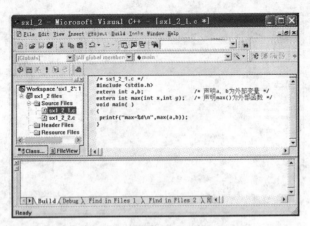

图 1-27　选择要删除项目中的文件

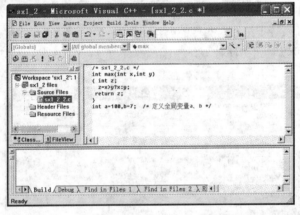

图 1-28　项目中的文件被删除

（2）插入文件。如果要创建的文件已经存在，可将该文件直接插入到项目中而不必重新创建，选择 project→Add To Project→Files 命令，如图 1-29 所示。

弹出图 1-30 所示的 Insert Files into Project 对话框，根据对话框上面的查找范围和下面的文件名选择要添加的文件，然后单击 OK 按钮，或直接双击需要添加的文件名将指定的文件插入。

图 1-29　选择 Files 命令

图 1-30　Insert Files into Project 对话框

第2章 C语言程序设计上机实训

2-1 上机实训的指导思想和要求

2-1-1 上机实训的目的

学习 C 语言程序设计不能满足于"懂得"，或了解了语法和能看懂书上的程序，而应当掌握程序设计的全过程，即能独立编写出源程序，独立上机调试程序，独立运行程序和分析运行结果。

程序设计是一门实践性很强的课程，必须十分重视实践环节。许多实际的知识不是靠听课和看书学到的，而是通过长时间的实践积累的。要提倡通过实践去掌握知识的方法。必须保证有足够的上机实训时间，学习本课程应该至少有 30 小时，上机时间与授课时间之比为 1:1。除了学校规定的上机实训以外，应当提倡学生课余抽时间多上机实践。

上机实训的目的，绝不仅是为了验证教材和讲课的内容，或者验证自己所编的程序正确与否。学习 C 语言程序设计，上机实训的目的是：

（1）加深对讲授内容的理解，尤其是一些语法规定，光靠课堂讲授，既枯燥无味又难以记住，但它们是很重要的，初学者的程序出错往往错在语法上。通过多次上机，就能自然、熟练地掌握。通过上机来掌握语法规则是行之有效的方法。

（2）熟悉所用的计算机系统的操作方法，也就是了解和熟悉 C 语言程序开发环境。一个程序必须在一定的外部环境下才能运行，所谓"环境"，就是指所用的计算机系统的硬件和软件条件，或者说是工作平台。使用者应该了解为了运行一个 C 语言程序需要哪些必要的外部条件（例如，硬件配置、软件配置），可以利用哪些系统的功能来帮助自己开发程序。每一种计算机系统的功能和操作方法不完全相同，但只要熟练掌握一两种计算机系统的使用，再遇到其他系统时便会触类旁通，很快地学会。

（3）学会上机调试程序，也就是善于发现程序中的错误，并且能很快地排除这些错误，使程序能正确运行。经验丰富的人，在编译连接过程中出现"出错信息"时，一般能很快地判断出错误所在，并改正。而缺乏经验的人即使在明确的"出错提示"下也往往找不出错误而求助于别人。要真正掌握 C 语言程序设计，不仅应当了解和熟悉有关理论和方法，还要求自己动手实践。因此调试程序不仅是得到正确程序的一种手段，而且它本身就是 C 语言程序设计课程的一个重要的内容和基本要求，应给予充分的重视。调试程序固然可以借鉴他人的现成经验，但更重要的是通过自己的直接实践来积累经验，而且有些经验是只能"意会"难以"言传"。调试程序的能力是每个程序设计人员应当掌握的一项基本功。

因此，千万不要在程序通过后就认为万事大吉、完成任务了，而应当在已通过的程序基础上作一些改动（例如，修改一些参数、增加程序一些功能、改变某些语句等），再进行编译、连接和运行。甚至于"自设障碍"，即把正确的程序改为有错的（例如，语句漏写分号；比较符"=="错写为赋值号"="；使数组下标出界；使整数溢出等），观察和分析所出现的情况。这样的学习才会有真正的收获，应灵活主动的学习而不是呆板被动的学习。

2-1-2　上机实训前的准备工作

上机实训前应事先做好准备工作，以提高上机实训的效率，准备工作至少应包括：

（1）了解所用的计算机系统的性能（包括 VC++ 6.0 系统运行环境）和使用方法；

（2）复习和掌握与本实训有关的教学内容；

（3）准备好上机所需的程序。手编程序应书写整齐，并经人工检查无误后才能上机，以提高上机效率。初学者切忌不编程序或抄别人的程序去上机，应从一开始就养成严谨的科学作风；

（4）对运行中可能出现的问题事先作出估计，对程序中有疑问的地方，应作出记号，以便在上机时给予注意；

（5）准备好调试和运行时所需的数据；

（6）培养融洽和睦的同学关系。

2-1-3　C 语言程序的建立、编译、连接及执行

一个 C 语言程序必须经过编辑、编译、连接和运行 4 个步骤。4 个步骤都正确无误，才能得出正确结果，如图 2-1 所示。

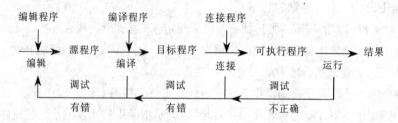

图 2-1　C 程序设计实现的步骤

2-1-4　上机实训的要求

（1）上机实训时应一人一机，独立上机。

（2）上机过程中出现的问题，除了是系统的问题以外，一般应自己独立处理，不要轻易举手问教师。尤其对"出错信息"，应善于自己分析判断，这是学习调试程序的良好机会。程序出错的种类有语法错误、逻辑错误和运行错误。

（3）上机实训结束后，对调试程序所取得的经验以及运行情况作出分析。如果程序未能通过，应分析其原因。

（4）写出实训报告（书写参考格式见附录 D）。

2-1-5　实训内容的安排

本章给出十三个实训项目，其中实训 1 至实训 11 基本对应教材第 1 章至第 11 章的内容，每个实训项目包括若干个题目，上机时间每次为 2 课时。

实训 12 是一个综合实训项目，设计一个学生成绩管理系统的完整程序。

实训 13 是课程设计项目，给出两个实训题目，供读者选择。

2-2　C 语言程序设计实训内容

实训 1　C 语言程序的运行环境和运行方法

一、实训目的

（1）熟悉 C++ 6.0 集成开发环境的基本使用方法，学会独立使用该系统。

（2）掌握在该系统上如何编辑、编译、连接和运行一个 C 语言程序。

（3）通过运行简单的 C 语言程序，初步了解 C 语言程序的特点。

二、内容摘要

1．C 语言的特点

（1）简洁紧凑、灵活方便。

（2）数据类型多样，运算符丰富。

（3）C 语言是结构化和模块化的语言。

（4）C 语法限制不太严格、程序设计自由度大。

（5）C 语言可以进行底层开发。

（6）C 语言适用范围大，可移植性好。

2．C 语言源程序

用 C 语言所编写的程序称为 C 语言源程序，简称 C 程序。每个 C 语言源程序的文件都必须以.c 作为文件的扩展名，以说明该文件是 C 语言编写的源程序文件。

3．C 语言的程序结构

（1）C 语言程序一般由一个或若干个函数构成，必须有且只能有一个名为 main 的主函数，不管 main 函数放在前或后，程序总是从 main 函数开始执行。C 语言的函数有两类：一类是系统提供的标准函数，一类是用户定义的函数。

（2）函数由函数头和函数体两部分构成。

函数说明的一般格式为：

```
函数类型　函数名 (形参说明)
{
    内部说明语句;
    可执行语句;
}
```

函数头又称函数说明部分，包括函数类型、函数名、形参列表和形参说明等，形参可以有也可以没有，但 main 函数后的 "()" 不能省略。

函数体由一对 "{}" 括起来，可以有若干个语句，通常由说明语句和可执行语句组成。在以后的程序中还会看到成对出现的花括号 "{}" 还可以用做复合语句的界限符。必须注意，"{}" 必须成对出现，否则编译时会报告错误。

（3）每行可以写一个或多个语句，一个语句也可以写在多行上，但每个语句必须以分号";"结束。

（4）以"/*"开头到"*/"结尾中的内容，可以对 C 语言中的任意部分做注释，注释在编译时被忽略，即不产生任何代码，它仅仅是帮助人们理解程序。

（5）组成一个程序的若干个函数可以保存在一个或几个源程序文件中，每个文件分别进行编译，然后再连接起来形成可执行文件。

4．C 语言程序语句

（1）说明语句：用来说明变量的类型和初值。

（2）表达式语句：用来描述逻辑运算、算术运算或产生某种特定动作的语句。

（3）程序控制语句：用来描述语句的执行条件与执行顺序的语句。

（4）复合语句：由花括号"{"和"}"括起来的逻辑上相关的一组语句。

5．预处理特性

在 C 语言中除了上面所述的 4 类语句外，还有一类语句，这类语句的作用不是实现程序的功能，而是给 C 语言编译系统发布信息，它告诉 C 语言编译系统在对源程序进行编译之前应该做些什么。所以，这类语句被称为编译预处理语句。这类语句以"#"号开头，占用一个单独的书写行。

6．大小写字母敏感性

C 语言中的保留字及系统提供的标准库中所有函数的名称，均使用小写字母。在 C 语言中，变量 A 和 a 是完全两个不同的变量，因为它们在内存中所分配的不是同一个地址。因此，字母大小写的敏感性应在 C 语言程序设计中引起足够的重视。

7．赋值语句

赋值语句是由赋值表达式加上一个分号构成，作用是将一个确定的值赋给一个变量。

格式为：

变量名=表达式；

赋值语句有如下特点：

（1）先计算，后赋值。即先计算右边表达式的值，然后将该值赋给赋值号左边的变量。程序中的求值计算主要是用赋值语句来实现的。

（2）赋值语句中的"="是赋值号而不是数学意义上的等号，在数学上 i=i+1 是不成立的，而程序设计中是允许的。赋值号两侧的内容不能任意调换。

8．输入、输出语句

C 语言中比较基本也比较常用的是基本输入/输出函数，C 语言不提供输入/输出语句，但在 C 语言的标准函数库中，定义了一些输入/输出函数，在函数结尾加上分号";"，就构成输入/输出语句，通过调用这些函数可以实现数据的输入/输出。

这里只介绍使用键盘读入数据、往显示器上输出数据。

（1）格式输入函数。

格式为：

scanf(格式控制，地址列表)

作用：用来输入任意类型的多个数据。

（2）格式输出函数。

格式为：

printf(格式控制，输出列表)

作用：将输出列表按格式控制所给定的格式输出。

三、实训运行环境

硬件环境：主机 CPU 为 80386 以上的计算机或工作站一台。

系统软件：Windows XP。

应用软件：C++ 6.0 集成开发软件一套。

以后实训运行环境如不做说明均依照以上要求。

四、实训内容

使用 C++ 6.0 集成开发环境调试程序请参阅第一章。

【实训 1-1】编辑、编译、连接及运行下面的程序。

```
/* sx1_1.c */
#include <stdio.h>    /* 包含 stdio.h 的预处理语句 */
void main()           /* 主函数 */
{
  printf("Hello!\n"); /* 输出语句*/
}
```

运行结果为：

Hello!

【实训 1-2】使用多文件 C 程序的开发方法，求两个整数的最大值（不要求读懂程序）。

第一个文件内容：

```
/* sx1_2_1.c */
#include <stdio.h>
extern int a,b;                /* 声明 a、b 为外部变量 */
extern int max(int x,int y); /* 声明 max()为外部函数 */
void main( )
{
  printf("max=%d\n",max(a,b));
}
```

第二个文件内容：

```
/* sx1_2_2.c */
int max(int x,int y)
{
  int z;
  z=x>y?x:y;
  return z;
}
int a=100,b=7;  /* 定义全局变量 a、b */
```

五、实训要求

从实训目的、准备、编程、调试、运行结果、实训效果等方面分析，写出实训报告。

实训 2　简单 C 语言程序设计

一、实训目的

（1）掌握编辑、编译、连接和运行一个 C 语言程序的过程。

（2）初步了解编译出错信息的阅读和检查法。

（3）掌握 C 语言数据类型、赋值方法、算术运算符和表达式。

（4）了解输出数据的格式转换符。

（5）设计简单的 C 语言程序。

二、内容摘要

程序操作的对象是数据，数据及有关的概念和知识都是最基本的，应该深入理解和掌握。

1．数据类型

数据类型如图 2-2 所示。

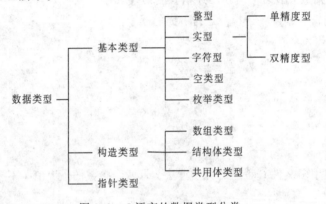

图 2-2　C 语言的数据类型分类

2．常量和变量

数据有常量和变量之分，常量和变量是程序中使用的最基本的数据对象。

常量是程序执行过程中不能改变的量。有些类型的常量从字面形式就可以判别出来，如 564 为整型常量，1.22 为实型常量，"B" 为字符型常量、"STUDENT" 为字符串常量。

要仔细区分字符常量和字符串常量。字符常量是用单引号括起来的一个字符，实际存储的是机器字符集中字符的 ASCII 值。字符串常量是由一对双引号括起来的字符序列，是包含转义字符 "\0" 的一个字符数组。

C 语言规定也可以用标识符代表常量，称为符号常量。例如：

```
#define PI  3.14159        /*定义符号常量 PI 的值为 3.14159*/
```

变量是存放数据的存储空间，空间大小视变量的数据类型而定，在程序执行过程中变量的值是可以改变的。使用变量定义，可以设置程序中使用的存储空间，每个存储空间均有名称和存放数据值的类型。

3．运算符的优先级及结合性

所谓运算符的优先级就是在一个表达式中运算符所具有的运算优先次序。优先级数字越大，表示优先级越高，越优先执行。在 C 语言中，运算符的优先顺序共分 15 个等级，最低为 1，最高为 15。处在同一级别的运算符，它们的优先级相同。

除了规定的优先级之外，还有一种强制改变优先级的方法，那就是使用圆括号"（"和"）"运算符。使用圆括号后，编译程序将依据如下原则确定优先顺序：先进行内层括号对内的运算，再进行次内层括号对内的运算，依此类推。

所谓运算符的结合性就是同一优先级的运算符的结合方向。自左至右的结合方向，称为"左结合性"；反之称为"右结合性"。除单目运算符、赋值运算符和条件运算符是"右结合性"，其他运算符都是"左结合性"。

4．运算符

C 语言提供了许多运算符，学习时主要掌握这些运算符的运算规则、优先级和结合性。

1）算术运算符

+：加法运算或正号运算符；

－：减法运算或负号运算符；

*：乘法运算符；

/：除法运算符；

%：求余运算符，或称模运算符。

算术运算符的结合性是"从左到右"。

2）自增和自减运算符

C 语言提供了使变量自增自减的运算符++和--。自增运算符的作用是使变量的值增 1。自减运算符的作用是使变量的值减 1。

自增和自减运算符的结合方向是"自右向左"。例如，表达式-i++等价于-(i++)。

3）赋值运算符"="

C 语言中"="就是赋值运算符，它的作用是将一个数据赋值给一个变量。如"a=3"的作用是执行一次赋值操作（或称赋值运算），把常量 3 赋给变量 a。也可以将一个表达式的值赋给一个变量，例如，X=2+6*9。这些属于简单的赋值运算符。在赋值运算符"="之前加上算术运算符，可以构成复合的赋值运算符。例如：

i+=4 等价于 i=i+4；

i*=a+4 等价于 i=i*（a+4）；

i%=7 等价于 i=i%7。

赋值运算符按照"自右向左"的结合顺序，因此"x=y=7"相当于"x=(y=7)"。

4）关系运算符

C 语言提供 6 种关系运算符：

<：小于；

<=：小于等于；

>：大于；

>=：大于等于；

==：等于；

!=：不等于。

关系运算符的结合方向"自左向右"。

5）逻辑运算符

C 语言提供 3 种逻辑运算符：

&&：逻辑与；

‖：逻辑或；

!：逻辑非。

逻辑运算符的结合方向是"从左向右"。

6）逗号运算符

表达式 1，表达式 2，…，表达式 n

由逗号隔开的一组表达式从左向右进行计算，其求解过程为：先求解表达式 1，再求表达式 2，…，整个逗号表达式的值是表达式 n 的值。

7）sizeof 运算符

它是一个单目运算符，有下面两种不同的用法，格式为：

sizeof　表达式

或

sizeof(类型名)

它是以字节为单位给出操作数所占用存储空间的大小。当操作数是类型名时，必须用圆括号将其括起来；当操作数是表达式时，圆括号可以省略。

5．表达式

在程序中，凡是表示一个值或要计算一个值的地方就要用到表达式，用运算符把运算量连接起来形成一个有意义的式子叫表达式。

表达式中可以使用小括号，因此用括号括起来的表达式是有层次的，在求表达式的值时，要从内层往外层（即先计算内层括号的表达式，后计算外层括号的表达式），同一层的表达式，从左到右，按照优先级的高低依次计算，如果运算量两侧的运算符优先级相同，则按规定的结合方向进行。

6．数据的输入、输出

C 语言提供的输入/输出（I/O）函数可以分为两大类：一类是标准输入/输出函数；另一类是系统输入/输出函数。其中标准输入/输出函数又分为面向标准设备的输入/输出函数和面向文件的输入/输出函数，其函数形式又有无格式和有格式之分。这里介绍面向标准设备的输入/输出函数。为了使用标准输入/输出函数库中的函数，必须在每个 C 语言源程序的开头写上如下预处理语句：

#include <stdio.h>

1）字符输出 putchar 函数

函数调用的一般格式为：

putchar(c);

putchar 函数的作用是在标准输出设备上输出一个字符。

putchar 是函数名，圆括号中的 c 是函数参数，可以是字符型或整型的常量、变量或表达式。

2）格式输出函数 printf 函数

函数的调用格式为：

printf(格式控制,输出表列);

printf 函数主要功能是按格式控制所指定的格式，从标准输出设备上输出输出列表中列出的各输出项。在 printf 函数结尾加上 ";" 就构成了格式输出语句。

① "格式控制" 实际上是由双引号括起来的字符串。它包括两种信息：格式说明，由 "%" 和格式说明符组成，用来指定输出数据的输出格式。不同类型的数据需要不同的格式说明符。例如，%d、%f 等。格式说明总是以 "%" 字符开头。它的作用是将输出的数据转换为指定的格式输出。普通字符，就是需要原样输出的字符或转义字符。

② "输出列表" 由若干个变量或表达式组成，之间用逗号 "," 隔开。

3) 字符输入 getchar 函数

函数调用的一般格式为：

```
getchar();
```

getchar 函数的作用是从标准输入设备上输入一个字符。

getchar 函数是无参函数，但调用 getchar 函数时后面的括号不能省略。在输入时，空格、回车等都作为字符读入，只有在用户输入回车后，读入才开始执行。

4) 格式输入函数 scanf 函数

函数的调用格式为：

```
scanf(格式控制,地址表列);
```

scanf 函数主要功能是按所指定的格式从标准输入设备读入数据，并将数据存入地址列表所指定的存储单元中。在 scanf 函数结尾加上 ";" 就构成了格式输入语句。

① "格式控制" 是由双引号括起来的字符串，仅包括格式说明部分，格式说明由 "%" 和格式说明符组成，用于指定输入数据的类型。

② "地址列表" 由一个或多个变量的地址组成，就是在变量名前加 "&"，当变量地址有多个时，各变量地址之间用逗号 "," 隔开。"地址列表" 中的地址个数必须与格式参数个数相同，并且依次匹配。

三、实训内容

【实训 2-1】写出下面程序的结果并上机调试运行。

```c
#include <stdio.h>
void main()
{
  int v1,v2,sum;
  v1=50;
  v2=25;
  sum=v1+v2;
  printf("The sum of %d and %d is %d.\n",v1,v2,sum);
}
```

【实训 2-2】写出下面程序的结果并上机调试运行。

```c
#include <stdio.h>
void main()
{
  float a=1.53e1;
  int b,c1;
  char c2;
  long int d;
```

```
    printf("a=%f,a=%e,a=%6.3f\n",a,a,a);
    b=a+0.71;
    printf("b=%d,a+0.71=%f\n",b,a+0.71);
    c1=b;c2='b';
    printf("c1=%d,c2=%c,c2=%d\n",c1,c2,c2);
    printf("c1/80=%d,c1/80.=%f\n",c1/80,c1/80.);
    d=50008;
    printf("d=%ld,d=%lx\n",d,d);
    printf("d=%ld,d%%3=%d\n\n",d,d%3);
}
```

【实训 2-3】写出下面程序的结果并上机调试运行。

```
#include <stdio.h>
void main()
{
    char c1,c2;
    c1='a';
    c2='B';
    putchar(c1);
    putchar(c2);
    putchar('\n');
    putchar(c1-32);
    putchar(c2+32);
    putchar('\n');
}
```

【实训 2-4】写出下面程序的结果并上机调试运行。

```
#include <stdio.h>
void main()
{
    int x,a=3;
    float y;
    x=20+25/5*2;
    printf("(1)x=%d\n",x);
    x=25/2*2;
    printf("(2)x=%d\n",x);
    x=-a+4*5-6;
    printf("(3)x=%d\n",x);
    x=a+4%5-6;
    printf("(4)x=%d\n",x);
    x=-3*4%-6/5;
    printf("(5)x=%d\n",x);
    x=(7+6)%5/2;
    printf("(6)x=%d\n",x);
    y=25.0/2.0*2.0;
    printf("(7)y=%f\n",y);
}
```

【实训 2-5】设 x=6，y=7，z=8，试编写求 x，y，z 之积的 C 语言程序。

四、实训要求

从实训目的、准备、编程、调试、运行结果、实训效果等方面分析，写出实训报告。

实训 3　选择结构程序设计

一、实训目的

（1）掌握关系、逻辑运算符和关系表达式的使用方法。

（2）掌握条件运算符和条件表达式。

（3）掌握 if、if else、else if、switch 等判断语句的用法。

二、内容摘要

1. if 语句

C 语言提供了 3 种形式的 if 语句：

（1）if(表达式)语句；

语义：若表达式的值为非零（真），则执行语句，如果表达式的值为零（假）时不执行任何操作，进入下一条语句。

（2）if(表达式)语句 1 else 语句 2；

语义：若表达式的值为非零（真），则执行语句 1，然后跳过 else；如果表达式的值为零（假）时，则跳过语句 1，执行语句 2。

（3）if　　　　(表达式 1)　　　语句 1
　　　else if(表达式 2)　　　语句 2
　　　…　　　　　　　…
　　　else if(表达式 m)　　　语句 m
　　else　　　　　　　　语句 n

这种结构是从上到下逐个对条件进行判断，一旦发现条件满足就执行与该条件有关的语句，并跳过其后所有语句；若没有一个条件满足，则执行最后一个 else 语句 n。

C 语言规定，else 子句总是和它前面离它最近的没有 else 子句的 if 子句配对。

2. 条件运算符和条件表达式

条件运算符是 C 语言中唯一的三目运算符。由问号"?"和":"两个字符组成，用于连接 3 个运算对象。用条件运算符"?"和":"组成的表达式称为条件表达式。其中运算对象可以是任何合法的算术、关系、逻辑或赋值等各种类型的表达式。

条件表达式一般格式为：

表达式 1? 表达式 2:表达式 3

功能是：先计算表达式 1，并确定它在逻辑上是否为真或为假。如果为真则对表达式 2 求值，若为假，则对表达式 3 求值。

3. switch 语句

switch 语句的格式为：
```
switch(表达式)
{
    case 常量表达式 1:语句 1;[break;]
    case 常量表达式 2:语句 2;[break;]
    …
    case 常量表达式 n:语句 n;[break;]
```

```
    [default:语句 n+1;]
}
```

其中：[ ]括起来的部分是可选的。

switch 的执行过程是，先计算 switch 后面表达式的值，然后依次与关键字 case 后的常量表达式相比，当它们一致时就执行该 case 后的语句，若表达式的值与所有 case 后常量表达式的值都不同，则执行 default 后的语句。在执行某个语句时遇到 break 语句，则退出 switch 结构。

在 switch 结构中：

（1）switch 后括号的表达式的值必须为整型，它经常是一个整型变量。

（2）各个 case 分支的常量表达式必须是整型常量，它可以是一个整数、一个字符常量或一个整型常量表达式。

（3）两个 case 分支的常量表达式的值不能相同，否则执行程序时不知选择哪个常量表达式后面的语句。

三、实训内容

【实训 3-1】输入一个数，输出这个数的绝对值，输入下面程序并上机调试运行。

```
#include <stdio.h>
void main()
{
  int x,y;
  printf("输入一个整数: ");
  scanf("%d",&x);
  if(x>=0)
     y=x;
  else y=-x;
  printf("%d的绝对值是%d\n",x,y);
}
```

【实训 3-2】写出下面程序的结果并上机调试运行。

```
#include <stdio.h>
void main()
{
  int x,y,z,w;
  z=(x=1)?(y=1,y+=x+5):(x=7,y=3);
  w=y*'a'/4;
  printf("%d %d %d %d\n",x,y,z,w);
}
```

【实训 3-3】假设国家对个人收入调节税是按这样的标准进行的：起征点是 1 600 元，不超过 500 元的为 5%，超过 500 元至 2 000 元的部分为 10%，超过 2 000 元至 5 000 元的部分为 15%，超过 5 000 元至 20 000 元的部分为 20%。编写程序，输入工资，计算实际工资所得及税金。

四、实训要求

从实训目的、准备、编程、调试、运行结果、实训效果等方面分析，写出实训报告。

实训 4　循环程序设计

一、实训目的

（1）熟悉 while…语句的用法。
（2）熟悉 do…while 语句的用法。
（3）熟悉 for 语句的用法。
（4）掌握用循环的方法编写程序。

二、内容摘要

1．while 语句

while 语句用来实现"当型"循环结构。
其一般形式为：
while(表达式)循环体
其执行过程是首先判断表达式，当表达式的值为假时，退出 while 循环，执行循环体外的后续语句；否则，当表达式的值为真时，便执行循环体，再次执行该 while 语句。

2．do…while 语句

do…while 语句用来实现"直到型"循环结构。
其一般形式为：
do　　　　循环体
while　　　(表达式)；
其特点是：先执行循环体语句，后判断表达式。执行过程是先执行循环体语句，在每次执行循环体语句后，都测试表达式的值，当表达式的值为真时，返回重新执行该循环体语句，直到表达式的值为假时退出循环。

3．for 语句

for 语句的一般形式为：
for(表达式 1;表达式 2;表达式 3)循环体
其执行过程是，首先处理表达式 1，再测试表达式 2 的值，若其值为真，则执行循环体语句，最后处理表达式 3。至此完成了一次循环，然后再测试表达式 2 的值，直到表达式 2 的值为假，则退出循环。

4．while、do…while、for 三个循环的比较

三个循环语句中，while 是最基本的，凡是能用 do…while 语句和 for 语句编写的程序，都能用 while 语句编写出来，但对某些问题，使用 do…while 语句和 for 语句编写程序更简单。

一般来说，在不知道数据的数量或不知道重复计算的次数时(如用迭代法对非线性方程求解)，用 while 语句和 do…while 语句。与上述情况相反，如果知道数据的数量或知道重复计算的次数，例如，对数组进行处理，一般用 for 语句，并且用循环控制变量作为数组的下标有很强的表达能力。

三、实训内容

【实训 4-1】写出下面程序的结果并上机调试运行。

```
#include <stdio.h>
void main()
{
  int n,sum;
  n=1;
  sum=0;
  while(n<100)
    {
      sum+=n;
      n+=2;
    }
  printf("100 以内的奇数和是: %d\n",sum);
}
```

【实训 4-2】写出下面程序的结果并上机调试运行。

```
#include <stdio.h>
void main()
{
  int i,j,k;
  int maxi=5;
  printf("i      j      k\n");
  printf("----------------\n");
  for(i=1;i<=maxi;++i)
    for(j=1;j<i;++j)
      for(k=1;k<j;++k)
      {
        printf("%d\t%d\t%d\n",i,j,k);
        printf("----------------\n");
      }
}
```

【实训 4-3】编写一个程序，从键盘输入 5 个实数，求出这 5 个数之和及平均值。

【实训 4-4】编写程序，在屏幕上显示如下所示的金字塔图形。

```
     *
    ***
   *****
  *******
 *********
***********
```

【实训 4-5】整数 n 的阶乘写作 n!，是整数 1～n 的连续相乘的积。例如，5!=5*4*3*2*1=120，编写一个程序，生成并打印出 1～10 的阶乘的表格。

*【实训 4-6】编写程序，求数列 1/2、2/3、3/4…前 20 项的和。（*较高要求）

四、实训要求

从实训目的、准备、编程、调试、运行结果、实训效果等方面分析，写出实训报告。

实训 5 数组

一、实训目的

（1）掌握一维数组和二维数组的定义、赋值方法和输入输出方法。

（2）能用循环处理数组，用数组存储数据。

（3）掌握字符数组的基本使用方法。

二、内容摘要

数组是程序设计中最基本的也是用途最广的一种数据结构，通过本章的学习，要掌握数组的定义、引用和基本应用。

1．一维数组

1）一维数组的定义

一维数组的定义形式为：

类型说明符　数组名[常量表达式];

其中类型说明符为基本数据类型（整型、实型和字符型），数组名为某个合法的标识符，在 C 语言中规定数组名表示数组在内存中存放的起始地址，是一个常量。[]是定义数组的一个标志，其中的常量表达式的值为数组元素的个数，一般为某个整型常数，也可以是某个符号常量。例如，int a[5];它表示数组名为 a，此数组有 5 个元素，下标从 0 开始，这 5 个元素依次为 a[0]、a[l]、a[2]、a[3]和 a[4]，每个分量都相当于一个整型变量。

一维数组的存储结构与逻辑结构如下：

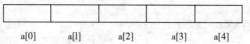

a[0]　　　a[l]　　　a[2]　　　a[3]　　　a[4]

2）一维数组的引用

数组是一种构造类型，它由若干个元素组成，C 语言规定只能依次引用数组的每一个元素，而不能一次引用数组这个整体，即不能对数组名直接操作。

一维数组的元素引用格式为：

数组名[整型表达式]

例如，一维数组的输入输出：

```
int a[5],i;
for(i=0;i<5;i++)
    scanf("%d",&a[i]);
for(i=0;i<5;i++)
    printf("%5d",a[i]);
```

2．二维数组

1）二维数组的定义

二维数组的定义格式为：

类型说明符　数组名[常量表达式][常量表达式]

二维数组的定义类似于一维数组，只是多了一个下标，第一个中括号中的常量表达式的值为数组的行数，第二个中括号中的常量表达式的值为数组的列数。

例如，int b[3][4];

定义了一个 3 行 4 列的二维数组，共有 12 个元素。行、列下标都从 0 开始。

二维数组的所有元素在计算机内存中也占有一片连续的存储空间，C 语言中二维数组 b 在内存中是按行存放的：

b[0][0]	b[0][1]	b[0][2]	b[0][3]	b[1][0]	b[1][1]	…	b[2][3]

对于一维数组来说，它的逻辑结构与存储结构是相同的，一维数组的下标值与一维数组在内存中元素排列位置的序号是一致的。而对二维数组来说，两者却是完全不同的。数组 b 的逻辑结构如下：

b[0][0]	b[0][1]	b[0][2]	b[0][3]
b[1][0]	b[1][1]	b[1][2]	b[1][3]
b[2][0]	b[2][1]	b[2][2]	b[2][3]

2）二维数组的引用

二维数组的元素引用形式为：

数组名[整型表达式1][整型表达式2]

例如，二维数组的输入输出：

```
int a[3][4],i,j;
for(i=0;i<3;i++)
  for(j=0;j<4;j++)
    scanf("%d",&a[i][j]);        /*依次输入数组 a 的每一个元素*/
for(i=0;i<3;i++)
  for(j=0;j<4;j++)
    printf("%5d",a[i][j]);        /*依次输出数组 a 的每一个元素*/
```

3．字符数组

（1）字符数组的定义、引用和初始化。

字符数组的定义格式为：

char 数组名[常量表达式];

字符数组的引用方式：

数组名[下标];

字符数组的初始化：

例如，char ch[5]={'h','e','l','l','o'};

若有 static char st[10]={'w','e','l','c','o','m','e'};

则未赋初值的元素将自动赋值为'\0'（ASCII 码值为 0 的空字符）

即：st[7]='\0'; st[8]='\0'; st[9]='\0';

（2）字符串和字符串结束标志。

字符串是用一对双引号括起来的字符序列，这些字符可以是一般的可显示字符，也可以是某些特殊的控制字符，C 语言不提供字符串变量，规定字符串只能用字符数组来处理。

将字符串存储到内存中时，除了要将字符串中的每一个字符存入内存外，还要在字符串的最后加一个'\0'字符存入内存。'\0'字符为字符串的结束标志。

（3）用字符串给字符数组初始化。

char st[8]="welcome";

等价于：char st[8]={'w','e','l','c','o','m','e','\0'};

注意：这里的 st 不是一个字符串变量，而是字符数组名，代表字符数组在内存中的起始地址，是一个常量，这两个赋值表达式都是将字符串中的每一个字符依次赋值给起始地址 st 开始的存储单元。

（4）字符串的长度。

若有 char ch[] = "Good"；则数组 ch 的元素个数是 5，而不是 4，也就是说，字符串的长度是双引号中所包括的字符个数加 1。

（5）字符串的输入和输出。

可以通过调用 scanf 函数、gets 函数或 printf 函数、puts 函数来输入和输出字符串。

4．常用字符串处理函数

字符串的输入函数——gets；　　　字符串的输出函数——puts；

求字符串长度函数——strlen；　　　字符串的复制函数——strcpy；

字符串的比较函数——strcmp；　　　字符串的连接函数——strcat；

大写字母转为小写字母函数——strlwr；小写字母转为大写字母函数——strupr()。

5．数组的应用

数组是一种很重要的数据结构，掌握一维和二维数组的应用。熟练掌握排序、查找、删除、插入等基本算法，运用二维数组完成一些基本算法和应用。

三、实训内容

【实训 5-1】写出下面程序的结果并上机调试运行。

```c
#include <stdio.h>
void main()
{
  int a[2][4]={10,5,-3,17,9,0,0,8};
  int b[][4]={{7,16,55,13},{12,10,52,0}};
  int i,j,c[2][4];
  for(i=0;i<=1;++i)
    for (j=0;j<=3;++j)
     c[i][j]=a[i][j]+b[i][j];
     for(i=0;i<2;++i)
      {
       for(j=0;j<4;++j)
         printf("%d,",c[i][j]);
       printf("\n");
      }
}
```

【实训 5-2】阅读下面的程序，写出下面程序的结果并上机调试运行。

```c
#include <stdio.h>
void main()
{
  char a1[26],a2[26];
  int i;
  for (i=0;i<26;i++)
   {
     a1[i]=i+'a';
     a2[i]=i+'A';
```

```
    }
    for (i=0;i<26;i++)
        printf("%c",a1[i]);
    printf("\n");
    for (i=0;i<26;i++)
        printf("%c",a2[i]);
    printf("\n");
}
```

【实训 5-3】阅读并分析程序，上机调试输入 3 个字符串，看能否输出最大的字符串。

```
#include <stdio.h>
#include <string.h>
void main()
{
    char s[3][20],s1[20];
    int i;
    for(i=0;i<3;i++) gets(s[i]);
     if(strcmp(s[0],s[1])>0) strcpy(s1,s[0]);
        else strcpy(s1,s[1]);
            if(strcmp(s[2],s1)>0) strcpy(s1,s[2]);
                puts(s1);
}
```

【实训 5-4】已知 5 名学生的学号、成绩如下：

学号	成绩
11	78
34	90
40	59
26	88
15	65

请编一程序，将成绩按降序排列并输出相应的学号、成绩表。

【实训 5-5】编程实现杨辉三角，存储到数组中，然后使用循环输出杨辉三角。

杨辉三角的特点：（1）每行数字左右对齐，由 1 开始逐渐变大，然后变小，回到 1；（2）第 n 行的数字个数为 n 个；（3）第 n 行数字和为 2^{n-1}；（4）每个数字等于其上方和左上方数字之和。如下所示。

```
1
1  1
1  2  1
1  3  3  1
1  4  6  4  1
1  5  10  10  5  1
```

四、实训要求

从实训目的、准备、编程、调试、运行结果、实训效果等方面分析，写出实训报告。

实训 6　函数、变量的作用域和存储类型

一、实训目的

（1）掌握函数的定义、说明、调用方法、实参、形参对应关系。

（2）数组作为函数参数的特点。

（3）掌握函数的嵌套调用和递归调用的方法和结构形式。

（4）掌握全局变量、局部变量、动态变量、静态变量的区别和用法。

二、内容摘要

使用模块编写程序是构造大程序的基本方法，本章的基本要求是设计并使用（调用）函数。另外，通过学习本章的例题和程序设计练习，要进一步掌握"自顶向下，逐步求精"的结构化设计方法。

1．函数的定义

函数定义是一个完整的构造。在编译时，编译程序根据函数定义为函数分配存储空间。

（1）无参函数的定义格式为：

```
类型表示符　函数名()
{
    说明部分
    语句
}
```

（2）有参函数的定义格式为：

```
类型标识符　函数名(形式参数列表)
形式参数说明
{
    说明部分
    语句
}
```

2．函数的调用

一个函数就是一个模块，形式参数列表描述了它的使用说明，也是使用该函数的入口条件。如果在函数 a 中调用了另一个函数 b，那么 a 中的函数调用必须满足 b 函数的要求，具体表现在 a 中的函数调用提供的实参必须满足函数 b 对应的形参的要求。

函数调用包括以下几个步骤：

（1）在程序源文件的开头以包含的方式指明函数（标准模块）所属函数库名，或者是函数（与主调函数不在同一文件）所属的文件名称，格式为：

```
#include "函数库名.h"
#include "文件名称.c"
```

（2）为了在程序中使用函数调用语句，调用一个在其后定义的函数，一般应该在该函数调用语句之前，使用函数说明语句对该被调用函数作说明，以确保函数被正确调用。其格式为：

```
类型标识符　被调函数的函数名(形参类型序列);
```

（3）调用函数的形式为：

```
函数名（实参序列）
```

① 函数调用可以作为语句。

② 有返回值的函数调用可以出现在表达式中。

③ 有返回值的函数调用还可以作为实参出现在函数调用语句中。

函数调用的执行过程是：

首先把实参传递给被调用函数的形参，这称为形参和实参的结合。然后，程序控制转移到被调用函数的第一个语句起始执行，执行完被调用函数的最后一条语句或者执行到被调用函数中的 return 语句时，就从被调用函数返回主调函数继续执行。

3．变量的作用域

所谓变量的作用域，说的是一个变量在哪段程序中起作用，主要是从变量占用空间的角度来分，可以分为全局变量和局部变量。

1）局部变量

局部变量定义：在一个函数内部定义的变量，称为内部变量，内部变量就是局部变量。

局部变量的有效范围：只在变量所定义的函数、复合语句内有效。

2）全局变量

全局变量定义：在函数外定义的变量称为外部变量，外部变量是全局变量。

全局变量的有效范围的规定：

① 从变量的定义点至变量所在的文件尾。

② 如果在变量的定义点之前，有函数引用该外部变量，则在该函数中用关键字 extern 作"外部变量说明"。

③ 若在同一个源文件中，外部变量与局部变量同名，则在局部变量作用范围内，外部变量定义不起作用。

4．变量的存储类别

从变量值存在的时间（即生存期）角度来分，可以分为静态存储变量和动态存储变量。

内存为用户提供的存储空间可以分为 3 类：

程序区：存放用户程序。

静态存储区：程序开始执行时分配存储单元，程序执行完毕后释放。

动态存储区：函数调用时分配存储单元，函数结束时释放。

除了内存，分配给程序中的变量的存储部件还有 CPU 内部的寄存器，CPU 内部寄存器只是作为动态存储区的补充，不同的是，安排在 CPU 内部寄存器的变量可以更快完成访问。

1）局部变量的存储方式

① 自动变量：用关键字"auto"作存储类型说明的为自动变量，自动变量存放在动态存储空间。"auto"也可以省略，凡未加"auto"说明的变量，又无其他存储形式说明的，均属动态存储。对自动变量的分配和释放是系统自动处理的。

② 局部静态变量：用关键字 static 加以说明的为局部静态变量，局部静态变量放在静态存储区。如果希望函数中的局部变量的值在函数调用结束后不消失而保留原值，即其所占用的存储空间不释放，以在下一次调用该函数时，使用该变量的值，就应该定义该局部变量为局部静态变量。

对"局部静态变量"只可以赋一次初值，如果不赋初值，则编译系统自动赋初值 0。因此，只有定义局部静态变量时才可以对数组初始化。

③ 寄存器变量：用关键字 register 说明的局部变量为寄存器变量。当某些变量需要频繁存取时，就可以把它定义为寄存器变量，即将它的值存放在 CPU 的寄存器中。这样，可以提高程序的执行效率。寄存器数目有限，不能任意定义，有的小型机允许使用 3 个寄存器来容纳寄存器变量。局部静态变量不能定义为寄存器变量。

2）全局变量的存储方式

全局变量在编译时分配在静态存储区。如果程序由多个源文件组成，一个文件中的函数能否引用另一个文件中的全局变量呢？C 语言有如下规定：

① 在一个文件内定义了一个全局变量，如果在另一个文件中也引用该全局变量，则必须在引用的文件中用关键字 extern 加以说明。

② 只允许在所定义的文件中使用的全局变量，必须用 static 对其加以说明。

5．内部函数和外部函数

如果一个函数只能被本文件中的其他函数所调用，它称为内部函数，又称静态函数。在定义内部函数时，在函数名和函数类型前面加 static。即：

static　类型标识符　函数名 (形参表)

在定义函数时，如果以关键字 extern 开头，表示此函数是外部函数。例如，extern int fun (a,b)。

三、实训内容

【实训 6-1】将一维数组中的每个元素的值乘以 2 后显示出来。

分析数组名是如何作为函数参数的，写出下面程序的结果并上机调试运行。

```c
#include <stdio.h>
void mu(a,n)
int a[],n;
{
  int i;
  for(i=0;i<n;i++)
    a[i]*=2;
}
void main()
{
  int array[]={0,1,2,3,4,5,6,7,8,9};
  int i;
  mu(array,10);
  for(i=0;i<10;i++)
    printf("%d\n",array[i]);
  printf("\n");
}
```

【实训 6-2】求一个长方体体积的程序。

分析 3 个函数是如何嵌套调用的，写出下面程序的结果并上机调试运行。

```c
#include <stdio.h>
float s(float a,float b)
{
  float area;
```

```
    area=a*b;
    return area;
}
float v(float a,float b,float c)
{
    float volume;
    volume=c*s(a,b);
    return volume;
}
void main()
{
    float a,b,c,vol;
    a=1.0;
    b=2.0;
    c=3.0;
    vol=v(a,b,c);
    printf ("%f\n",vol);
}
```

【实训 6-3】写出下面程序的结果，指出程序中变量的存储类型，并上机调试运行。

```
#include <stdio.h>
double feed=10.0;
static double position=0.1;
void main()
{
    double rps;
    static double factor=200.0;
    rps=feed*position/factor;
    printf ("The rps is %f\n",rps);
}
```

feed 是_____型，

position 是_____型，

rps 是_____型，

factor 是_____型。

【实训 6-4】理解静态全局变量的概念，写出下面程序的结果，使用多文件开发方法上机调试运行。

第一个文件内容：
```
#include <stdio.h>
static int n;              /* 定义静态全局变量 n */
void f(int x)
{
    n=n*x;
    printf("%d\n",n);
}
```

第二个文件内容：
```
#include <stdio.h>
int n;                     /* 定义全局变量 */
void f(int);
```

```
void main()
{
  n=100;
  printf("%d\n",n);
  f(5);
}
```

【实训 6-5】理解在多个文件的程序中引用全局变量、外部变量和外部函数的概念，掌握使用方法，写出下面程序的结果，使用多文件开发方法上机调试运行。

第一个文件内容：

```
/* sx6_5_1.c */
#include <stdio.h>
extern int a;              /* 声明 a 为外部变量 */
extern int sum(int x);     /* 声明 sum() 为外部函数 */
void main()
{
  int c;
  c=sum(a);
  printf("1+2+...+%d=%d\n",a,c);
}
```

第二个文件内容：

```
/* sx6_5_2.c */
int a=100;                 /* 定义全局变量 a */
int sum(int x)
{
  int i,y=0;
  for(i=1;i<=x;i++)
  {
    y=y+i;
  }
  return y;
}
```

【实训 6-6】读懂【实训 1-2】的程序。

【实训 6-7】某工厂生产轿车，1 月份生产 10 000 辆，2 月份产量是 1 月份产量减去 5 000 后再翻一番；3 月份产量是 2 月份产量减去 5 000 后再翻一番；如此下去。编写一个程序求出该年一共生产多少辆轿车。

分析：先来推出递推公式，设 a1，a2，…，a12 为各月份的生产轿车数，则有：

a1=10000

a2=2(a1-5000)=2a1-10000

a3=2(a2-5000)=2a2-10000

…

an=2a(n-1)-10000

四、实训要求

从实训目的、准备、编程、调试、运行结果、实训效果等方面分析，写出实训报告。

实训 7　指针

一、实训目的

（1）掌握指针的概念，会定义和使用指针变量。

（2）学会使用数组的指针和指向数组的指针变量。

（3）学会使用字符串的指针和指向字符串的指针变量。

（4）了解指向指针的指针的概念及其使用方法。

二、内容摘要

指针是 C 语言中的一个重点，也是学习的一个难点，这里主要掌握有关指针的基本概念及其应用。

1．基本概念

（1）地址：内存中每一个字节有一个唯一编号，即地址。

（2）指针：指针就是地址。

（3）指针变量：指针变量是专门存放地址值的一种变量。

（4）直接访问：直接通过变量的地址存取变量值的方式。

（5）间接访问：先取得变量的值——地址，再通过该地址来存取变量值的方式。

2．指针与变量

1）指针变量的定义

定义的形式：

类型说明符　*标识符；

这里的*表示"指向"，标识符即为指针变量名，必须是一个合法的标识符，类型说明符表示该指针变量所能指向的对象的数据类型。

2）指针变量的引用

有关指针的运算符有：

& ——取变量地址的运算符；

* ——指针运算符或称"间接访问"运算符。

例如：

&a 为取变量 a 的地址；

*p 为指针变量 p 所指向的变量；

*（&a）等价于 a。

3）指针变量作为函数的参数

函数的形参不仅可以是整型、实型、字符型，还可以是指针类型。指针变量存放的是地址，同样可以作为函数的参数来进行"地址传送"，实际参数可以是地址常量或指针变量，形式参数则为指针变量。

3．指针与数组

数组在内存中是顺序存放的，每个数组元素都在内存中占用若干个存储单元，它们都有相应的地址。数组名存放的是数组起始地址，所谓数组的指针即为数组的起始地址，也就是数组名。如果把数组的地址赋值给指针变量，那么通过指针变量来存取数组的元素将非常灵活而且方便。

（1）指向一维数组的指针变量。

指向一维数组元素的指针变量的定义：

类型说明符　　*指针变量名；

若有数组定义为：

int a[10];

那么定义指向该数组的指针变量的类型说明符必须为整型 int，指针变量名则可以定义为任意一个合法的标识符，例如，int *p；也就是说，定义指向一维数组元素的指针变量时，类型说明符必须是该指针变量所指数组的数据类型。

通过指针变量来引用一维数组的元素。定义如下数组和指针变量 p：

static int a[10]={1,2,3,4,5,6,7,8,9,10};

int *p;

那么 p=a;或 p=&a[0];则 p 被赋值为数组的起始地址，因此，*(p+i)与 a[i]等价，而且 a[i]也可以写成*(a+i)，*(p+i)也可以写成 p[i]的形式，但是要注意的是，p 是一个指针变量，而 a 是一个常量。

指向一维数组元素的指针变量作为函数的参数。数组名可以作为函数的实际参数，用于传递数组的起始地址，而对应的形式参数可以说明为数组，也可以用指针变量来作为函数的参数，根据形式参数和实际参数的用法可以有以下 4 种形式：

① 实际参数与形式参数均为数组名。

② 实际参数为数组名，形式参数为指针变量。

③ 实际参数为指针变量，形式参数为数组名。

④ 实际参数和形式参数均为指针变量。

（2）指向二维数组的指针变量。

指针变量可以指向一维数组，也可以指向二维数组或多维数组。如果定义一个 3 行 4 列的数组 a，则可以把 a 看成是一个包含 3 个数组元素 a[0]、a[l]、a[2]的一维数组，而每个数组元素又是一个包含 4 个元素的一维数组。

如 a[0]可以看成由 a[0][0]、a[0][l]、a[0][2]、a[0][3]组成。

借用前面一维数组所学的 a[i]可表示成*(a+i)，表示第 i 个元素，是一个数值。在二维数组中 a[i]表示第 i 行 0 列的起始地址，是一个地址，也可以表示成*(a+i)这种形式。

4. 指针与函数

（1）返回指针值的函数。

函数的返回值可以是基本数据类型，例如，整型、实型和字符型，也可以返回指向基本数据类型的指针值。这种返回指针值的函数称为指针型函数，定义指针型函数的格式为：

类型说明符　*函数名(参数说明)

{

　　函数体

}

例如，int　*sort(float　x,int　n)

定义了一个函数名为 sort，函数的返回值为一个指向整型数据的指针。

（2）指向函数的指针变量。

函数在编译时，系统将分配给函数一个入口地址，函数被调用时，就从它的入口地址处的第一条指令开始执行，C 语言规定函数名代表函数的入口地址，如果把这个入口地址赋值给一个指针变量，那么就可以通过指针变量来调用函数。指向函数的指针变量的定义为：

类型说明符 (*指针变量名)();

例如，int(*p)();定义了一个指针变量 p，可用于指向返回值为整型的函数，具体指向哪个函数，则要看把哪个函数的地址赋值给 p，所以这里的()里是空的，没有任何参数。

（3）用指向函数的指针变量作为函数的参数。

函数的形式参数和实际参数可以有很多种形式，本章介绍了一种新方式，即把指向函数的指针变量作为函数的参数，传递的是函数的入口地址。由于指针变量是指向某一函数的，所以，先后使指针变量指向不同的函数，就可以在被调用函数中调用不同的指针，这样调用函数将更加灵活。

5．指针与字符串

C 语言中可以用两种方式表示字符串，一种是数组部分介绍的字符数组，另一种是用字符指针实现。例如：

char *pstr="C language";

不定义字符数组，而定义一个字符指针，然后用字符指针指向字符串中的字符。虽然没有定义字符数组，但字符串在内存中是以数组形式存放的。它有一个起始地址，占一片地址连续的存储单元，并且以'\0'结束。上述语句的作用是：使指针变量 pstr 指向字符串的首字符。pstr 的值是地址，不可认为"将字符串中的字符赋给 pstr"，也不要认为"将字符串赋给*pstr"。

使用字符数组和字符指针变量都能实现字符串的存储和各种运算，但两者之间是有区别的：要注意以下几点。

（1）字符数组是由若干元素组成的，每个元素中存放一个字符，而字符指针变量中存放的是地址（字符串的首地址）。

（2）赋值方式不同。对字符数组只能对各个元素赋值，不能用一个字符串给一个字符数组的数组名赋值，但对于指针字符变量可以用一个字符串给它赋值，这个值是该字符串的首地址。

6．指针数组

一个数组，其中的元素都为指针类型，称为指针数组。

指针数组的定义格式为：

类型标识符 *数组名[常量表达式];

7．多级指针

如果把一个指针变量的地址再赋给另一个指针变量，则称该指针为多级指针，即指向指针的指针。多级指针的定义形式为：

类型标识 **指针变量名;

三、实训内容

【实训 7-1】下面程序说明指针变量如何使用，写出下面程序的结果并上机调试运行。

```
#include <stdio.h>
```

```
void main()
{
  char a[]="I am student.",b[20],*p1,*p2;
  int i;
  p1=a;
  p2=b;
  for (;*p1!='\0';p1++,p2++)
    *p2= *p1;
  *p2='\0';
  printf("string a is :%s\n",a);
  printf("string b is :");
  for (i=0;b[i]!='\0';i++)
    printf("%c",b[i]);
  printf("\n");
}
```

【实训 7-2】下面程序说明数组指针的使用方法，写出下面程序的结果并上机调试运行。

```
#include <stdio.h>
int array_sum(array,n)
int array[];
int n;
{
  int sum=0,*pointer;
  int *array_end=array+n;
  for (pointer=array;pointer<array_end;++pointer)
    sum+=*pointer;
  return(sum);
}
void main()
{
  static int value[10]={3,7,-9,3,6,-1,7,9,1,-5};
  printf("The sum of the array is %d.",array_sum(value,10));
  printf("\n");
}
```

【实训 7-3】利用指向数组元素的指针变量访问二维数组的各个元素，写出下面程序的结果并上机调试运行。

```
#include <stdio.h>
void main()
{
  int a[10][10],i,j,*p,n;
  for (i=0;i<10;i++)
    for (j=0;j<10;j++)
      *(*(a+i)+j)=i*10+j;
  n=0;
  for(p=&a[9][9];p>=&a[0][0];--p)
  {
    printf("%5d",*p);
      if (++n%10==0)
        printf("\n");
  }
```

```
}
```

【实训 7-4】用 12 个月份的英文名称初始化一个字符串指针数组，当从键盘输入整数 1～12 时，显示相应的月份名，输入其他整数时显示错误信息，上机调试运行。

```
#include <stdio.h>
void main()
{
    static char *month[]={"january","february","march",
                          "april","may","june","july",
                          "august","september","octorber",
                          "november","december"
                          };
    int n;
    printf("输入月份(1～12):");
    scanf("%d",&n);
    if(n<=12&n>=1)
      printf("%2d月的英文名是: %s\n",n,*(month+n-1));
    else
      printf("输入的月份无效!\n");
}
```

【实训 7-5】有 5 个学生的成绩，每个学生有 4 门课程，当输入学生学号以后，能输出该学生的全部成绩。用指针函数编程并上机调试实现。

四、实训要求

从实训目的、准备、编程、调试、运行结果、实训效果等方面分析，写出实训报告。

实训 8　构造数据类型

一、实训目的

（1）掌握结构体的含义、定义与使用方法。
（2）掌握共用体的含义、定义与使用方法。
（3）掌握枚举类型的含义、定义与使用方法。
（4）掌握 typedef 的作用与使用方法。
（5）掌握链表的基本概念。

二、内容摘要

为了求解较复杂的问题，C 语言提供了一种自定义数据类型的机制，用这种机制可以构造出复杂的数据类型，即构造数据类型，例如，结构体（structure）、共用体（union）、枚举（enum）。

1．结构体类型的说明

结构体是由不同数据类型的数据组成的。例如，一个人的姓名、年龄、性别、住址、电话号码等。它们是同一个处理对象——人的属性，用简单变量来分别代表各个属性，是难以反映出它们的内在联系的，而且使程序冗长难读。

组成结构体的每个数据称为该结构体的成员。在程序中使用结构体时，首先要对结构体的组成进行描述，这称之为结构体类型的说明。

结构体类型说明的一般格式为：

```
struct  结构体类型名
{
    数据类型  成员名 1;
       …
    数据类型  成员名 n;
};
```

2．结构体变量的定义

（1）先说明结构体类型再定义结构体变量。

在构造了结构体类的数据类型后，再用"struct 结构类型名 变量名;"的格式来定义具有这种结构的变量。

```
struct  结构体类型名
{
    类型标识符  成员名 1;
       …
    类型标识符  成员名 n;
};
struct  结构体类型名  变量名,变量名,…;
```

在定义结构体类数据类型的变量时，关键字 struct 和结构体类型名一起作为指定所定义的变量是何种数据类型的变量必须同时出现。

（2）在构造结构体的数据类型时同时定义变量。

其格式为：

```
struct 结构体类型名
{
    类型标识符  成员名;
       …
    类型标识符  成员名;
} 变量名,变量名,…;
```

这种定义结构类型变量的方法不如前一种先构造结构体类的数据类型，后定义具有这种结构的变量的方式灵活，它要求构造结构体类数据类型和定义具有这种结构的变量在同一个源文件中完成。而先构造结构体类数据类型，后定义具有这种结构的变量的方式允许把所有构造结构体类数据类型集中放在一个.h 的文件中，哪个源文件中需要定义结构体类型变量，就把该.h 文件用#include 包含进来，再定义结构体变量。

（3）利用无名结构体类型定义变量。

一般格式为：

```
struct
{
    类型标识符  成员名;
    类型标识符  成员名;
} 变量名,变量名,…;
```

这种形式常常用于在一个函数或在一对"{}"中构造结构体类数据类型并定义此结构体类数据类型的变量。

3．结构体变量的引用

定义了结构体类型变量以后，就可以对结构体变量进行引用，包括赋值、存取和运算。

（1）对结构体变量的使用往往是通过对其成员的引用来实现的。引用结构体成员的一般格式为：

```
结构变量名.成员名;
```

其中的圆点符号称为成员运算符，它的运算级别最高，结合方向为从左向右。

（2）如果一个结构体类型中又嵌套一个结构体类型，则访问一个成员时，应采取逐级访问的方法，直到得到所需访问的成员为止。

（3）对结构体变量的成员可以像普通变量一样进行各种运算。允许运算的种类与相同类型的简单变量种类相同。对结构体变量和其成员都可以引用它们的地址。

4．结构体变量的输入和输出

C 语言不允许把一个结构体变量作为一个整体进行输入或输出的操作，而必须对结构体变量每一个成员按其类型分别进行输入输出。

5．结构体数组

数组类型可以作为结构体类数据类型的成员类型，反之，结构体类数据类型也可以作为数组的基类型，这种由同一种结构体类数据类型的变量构成的数组，称之为结构体数组。

（1）结构体数组的定义。

如同定义结构体类数据类型的变量一样，定义结构体数组也有 3 种方式：先构造结构体类数据类型，再定义结构体数组；在构造结构体类数据类型的同时定义结构体数组；利用无名结构体类数据类型定义结构体数组。

（2）结构体数组的初始化。

结构体类数据类型的变量的初始化只能在定义时进行，结构体数组的初始化也只能在定义结构体数组时对数组中的元素作初始化。

结构体数组初始化的格式为：

```
struct   结构类型名
{成员表列}数组名[元素个数]={{,,…},{,,…},…,{,,…}};
```

（3）结构体数组中某个元素的某个成员的引用。

由于结构体数组中的元素是结构体类数据类型的变量,故不能整体访问结构体数组中的元素，而只能访问结构体数组中某个元素的某个成员，且该成员的数据类型不能是数组类型或结构体类数据类型。在访问结构体数组中某个元素的某个成员时，按"由整体到局部"，先用数组名和下标指定访问的是该数组中的哪一个元素，再用成员名指定访问的是该数组元素中的哪一个成员，两者之间用分量运算符连接。即，数组名[下标]. 成员名。注意，"[ ]"和"."是同优先级别的左结合性的运算符。

6．指向结构体的指针

在 C 语言中，指针可以指向简单变量，指向数组，指向函数等。同样对于结构体变量也可以使用指针进行处理。可以设一个指针变量，用来指向一个结构体变量，此时该指针变量的值是结构体变量的起始地址。指针变量也可用来指向结构体数组或结构体数组中的数组元素。

（1）指向结构体变量的指针。

① 指向结构体变量的指针的定义。

如果已经定义了一个 struct　stud 类型，则可用下面格式定义一个指向这种类型数据的指针变量：

```
struct  stud  *p
```

用指针变量 p 可以指向任一个属于 struct stud 类型的结构体变量。在定义了指针变量 p 以后，必须使之指向一个结构体变量。"p=&students1;"语句的作用是将结构体变量 student1 的起始地址赋给 p，也就是使 p 指向 student1。

② 使用指针变量引用结构体变量的成员。

通过指针变量 p 引用它所指向的结构体变量中的成员值时，例如：

```
(*p). 成员名
```

"成员名"表示 student1 中的成员。为了使用方便和直观，可以把（*p）. num 改用 p→num 来代替，即 p 所指向的结构体变量中的 num 成员。

（2）指向结构体数组的指针。

一个指针变量指向一个结构体数组，也就是将该数组的起始地址赋给此指针变量。

7．结构体与函数

（1）结构体变量作为函数参数。结构体变量作函数参数时，数据传递仍然是"值传递方式"，即将实参的值传递给形参。

（2）返回结构体类型值的函数。一个函数可以带回一个函数值，这个函数值可以是整型、实型、字符型、指针型等。新的 C 标准允许函数带回一个结构体类型的值。

8．用指针处理链表

链表是 C 语言中很容易实现、而且非常有用的数据结构，它是进行动态存储分配的一种结构。链表是将若干数据项按一定规则连接起来的表，链表中的每个数据称为一个结点。即链表是由称为结点的元素组成的，结点的多少根据需要确定。链表连接的规则是：前一个结点指向下一个结点；只有通过前一结点才能找到下一个结点。因此，每个结点都应包括以下两方面的内容：

（1）数据部分，该部分可以根据需要由多少个成员组成，它存放的是需要处理的数据。

（2）指针部分，该部分存放的是一个结点的地址，链表中的每个结点通过指针连接在一起。

对于单向链表，要熟练掌握链表的建立、遍历、删除结点、插入结点、结点排序。

9．共用体

（1）共用体数据类型变量的定义方式。

定义共用体数据类型变量使用关键字 union。

一般格式为：

```
union  共用体数据类型名
{
    类型标识符  成员名 1;
    类型标识符  成员名 2;

    …
    类型标识符  成员名 n;
} 变量名;
```

（2）共用体数据类型变量的引用方式。

同只能访问结构体数据类型变量的成员而不能访问整个结构体数据类型变量一样，只能访问共用体数据类型变量的成员而不能访问共用体数据类型变量。

访问的格式是：

```
变量名.成员名
```

（3）共用体类数据类型的特点。

① 共用体类数据类型的变量中的所有成员变量共同使用同一个存储空间，因此在共用体类数据类型变量的有效作用范围内，对共用体数据类型的变量或该变量的任何成员变量取地址得到的结果是相同的。而由于共用体类数据类型的变量中的所有成员变量共同使用这个分配给该变量的同一个存储空间，故该存储空间只能被各个成员变量分时使用，而所谓分时使用，是指不能对共用体类数据类型的变量赋值，只能对变量的成员赋值，且在对变量的某个成员赋值后，分配给共用体类数据类型变量的存储空间就被该成员独用，也就是说，可以对该共用体类数据类型变量成员作各种操作，而不能对该变量的其他成员作除赋值外的其他操作，以免结果错误。

② 对共用体数据类型的变量也可以在定义时初始化，但只能对其第一个成员初始化。

③ 共用体类数据类型的变量不能作为函数形参，函数也不能返回共用体类数据类型的数据，但可以使用指向共用体类数据类型数据的指针变量作为函数的形参，函数也能返回指向共用体类数据类型数据的指针。

④ 在结构体类数据类型的构造中可以包含共用体类数据类型的成员，在共用体类数据类型的构造中也可以包含结构体类数据类型的成员；可以定义一个基类型为某一个共用体类数据类型的数组，在共用体类数据类型的定义中也可以包含数组类型的成员。

10. 枚举类型

所谓枚举就是将变量的值一一列举出来，而变量的值只限于列表举出来的值的范围内。枚举是一个有名称的整型常量的集合，该类型变量只能是取集合中列举出来的所有合法值。枚举数据类型的一般定义格式为：

```
enum  类型名 {取值表};
```

11. typedef 类型

C 语言允许用 typedef 说明一种新的数据类型名。

其一般格式为：

```
typedef  类型名1  类型名2;
```

其中，关键字 typedef 用于给已有类型重新定义新类型名，类型名 1 为系统提供的标准类型名或是已定义过的其他类型名，类型名 2 为用户自定义的新类型名。

三、实训内容

【实训 8-1】学习掌握结构体数组的初始化方法及使用方法。

设有 3 个候选人 li、zhang、liu，每次输入一个得票的候选人的名字，最后输出每个人的得票结果，上机运行。

```
#include <string.h>
#include <stdio.h>
struct person
  {
```

```
      char name[20];
      int count;
    }leader[3]={"li",0,"zhang",0,"liu",0};
void main()
{
  int i,j;
  char leader_name[20];
  for( i=1;i<=10;i++)
  {
    scanf("%s",leader_name);
    for(j=0;j<3;j++)
    if(strcmp(leader_name,leader[j].name)==0) leader[j].count++;
  }
  for(i=0;i<3;i++)
    printf("%5s:%d\n",leader[i].name,leader[i].count);
}
```

【实训 8-2】利用枚举类型表示一周中的每一天，要求输入当天是星期几，判断当天是工作日还是休息日，并输出当天起直到星期五的工作安排，上机运行。

分析：

（1）为了直观性，定义星期的枚举类型。

（2）利用间接的方法输入枚举类型的星期几，即用数字代码分别表示不同的一天，例如，0代表星期日，1 代表星期一，……

（3）判断今天是工作日还是休息日，工作日从星期一至星期五。

（4）用间接的方法输出工作安排表。

```
#include <stdio.h>
void main()
{
  enum days{sun,mon,tue,wed,thu,fri,sat}today,weekday;
  int day;
  printf("enter today(0~6):");
  scanf("%d",&day);
  switch(day)                  /*间接输入今天是星期几*/
{
  case 0:today=sun;break;
  case 1:today=mon;break;
  case 2:today=tue;break;
  case 3:today=wed;break;
  case 4:today=thu;break;
  case 5:today=fri;break;
  case 6:today=sat;break;
}
  if(today==sun ||today==sat)
  {
    printf("today is rest.\n");
    return;
  }
  else printf("today is workday.\n");
    printf("\n");
for(weekday=today;weekday<=fri;weekday++)
switch(weekday)                /*间接输出工作安排表*/
```

```
        {
            case mon:printf("mon-study computer\n");break;
            case tue:printf("tue-study math\n");break;
            case wed:printf("wed-study english\n");break;
            case thu:printf("thu-study music\n");break;
            case fri:printf("fri-study chemistry\n");break;
        }
    }
```

【实训 8-3】预测结果并上机运行。

```
#include <stdio.h>
void main()
{
    union
        {
            unsigned int n;
            unsigned char c;
        }u1;
    u1.c='A';
    printf("%c",u1.n);
}
```

【实训 8-4】某单位职工的个人信息包括编号，姓名，性别，出生年、月、日和住址。下面程序段，是用 typedef 定义的职工结构体类型，然后定义一个该自定义类型的变量。请编程完成输入和输出职工信息的功能。

```
typedef struct
    {
        int num;
        char name[20];
        enum{male,female}sex;
        struct
        {
            int year;
            int mouth;
            int day;}birthday;
        char addr[20];
    }worker;
worker w1,w2;
```

【实训 8-5】不透明盒子中有红、黄、蓝、白、黑 5 种颜色的球若干个。每次从盒子中取出 3 个球，问得到 3 种不同色的球的可能取法，输出每种组合的 3 种颜色。

四、实训要求

从实训目的、准备、编程、调试、运行结果、实训效果等方面分析，写出实训报告。

实训 9　文件

一、实训目的

（1）掌握文件和缓冲文件系统及文件指针的概念。

（2）掌握文件的打开、关闭及文件的读、写等操作。

（3）学会用缓冲文件系统对文件进行简单的操作。

二、内容摘要

1．什么是文件

大部分程序都是从键盘输入数据，结果输出到显示器。C 语言允许将程序运行时所需要的和所产生的数据（原始、中间、最终）独立在源程序文件之外，以"数据文件"的形式存储到计算机外存，以备计算机需要时调入内存。这种"数据文件"是在磁盘操作系统管理下的文件。

程序将数据从内存中以"数据文件"的形式存入磁盘的操作简称为写盘，将数据从磁盘的"数据文件"调入内存的操作简称为读盘。如何将数据在内存与磁盘之间进行安全的交换，各种计算机高级语言提供了程序设计方面的方法和手段。

2．文件的分类

C 语言文件类型按存储方式分为两类：即 ASCII 码文件和二进制文件，ASCII 码文件又称为文本文件，二进制文件则称为非文本文件。

3．文件的基本操作

对文件的基本操作包括文件的打开、关闭、读、写、文件的定位和出错的检验等。现在分别介绍。

1）文件的打开与关闭

① 文件打开 fopen 函数。

fopen 函数的调用方式：

```
FILE *fp;
fp=fopen(文件名,使用文件方式);
```

该函数执行后将打开一个文件。参数中文件名即是要打开的文件的名称，使用文件的方式即是读写方式，fp 则是指向正要打开的文件。fopen 函数带回指向文件的指针并将其赋值给 fp，这样 fp 和文件就相联系了。

② 文件的关闭 fclose 函数。

fclose 函数的调用方式：

```
fclose(文件指针);
```

其中文件指针为用 fopen 函数打开文件时所带回的指针。该函数在程序运行终止前关闭文件，以免数据丢失。fclose 函数也带回一个值，当顺利执行关闭文件的操作时，返回值为 0；如果关闭有错误，则返回一个非零值。

③ 终止程序 exit 函数。

exit 函数的调用方式：

```
exit(状态值)
```

该函数使程序立即终止执行，并且关闭所有打开的文件。在习惯上状态值为 0，则认为程序正常终止；若为非 0，则说明执行有错误。

2）文件的读、写操作

文件被打开后，立即可以执行读、写操作。在下面函数中所引用的 fp 是指文件指针变量，它的内容是从 fopen 函数得到的返回值，在下面使用 fp 时，不再另加说明。

① 测试文件尾 feof 函数。

feof 函数的调用方式：

```
feof(fp)
```

该函数用来测试 fp 所指向的文件的当前状态，如果当前状态是"文件结束"，则值为 1，否则值为 0。

② 字符读 fgetc 函数和写 fputc 函数。

fgetc 函数的调用形式为：

```
ch=fgetc(fp);
```

该函数将 fp 指向的文件的一个字符读到内存，赋给字符变量 ch。如果遇到文件结束符时，函数返回值为-1。

函数 fputc 的调用形式为：

```
fputc(ch,fp)
```

该函数将字符常量或字符变量 ch 的内容写入 fp 所指向的磁盘文件。如果函数执行成功，返回值是该字符，若失败，返回值为-1。

③ 字符串输入 fgets 函数和输出 fputs 函数。

用 fgets 函数读入一个字符串。其形式为：

```
fgets(str,n,fp);
```

该函数的功能为从 fp 指向的文件读取 n-1 个字符，并把它放到字符数组 str 中。

用 fputs 函数输出一个字符串。其形式为：

```
fputs(str,fp);
```

该函数的功能是把字符数组 str 中的字符串（或字符指针指向的字符串或字符串常量）输出到所指向的文件中。但字符串结束符"\0"不输出。

④ 格式输入 fscanf 函数和输出 fprintf 函数。

fscanf 函数的调用形式为：

```
fscanf(fp,"控制字符串",参量表);
```

fprintf()函数的调用形式为：

```
fprintf(fp,"控制字符串",参量表);
```

除了用来操作磁盘文件外，这两个函数与 printf 和 scanf 功能完全相同。

⑤ 数据块读 fread 函数和写 fwrite 函数。

fread 函数的调用形式为：

```
fread(buffer,size,count,fp);
```

该函数将 fp 指向的文件的数据以数据块的形式读入内存 buffer。

fwrite 函数的调用形式为：

```
fwrite(buffer,size,coun,fp);
```

该函数将内存 buffer 的内容以数据块的形式写入 fp 指向的文件。其中：

buffer：是一个指针。对于 fread 来说，它是内存中存放读入数据的有效地址。对 fwrite 来说，是要写盘的数据地址（以上指的是起始地址）。

size：要读写的字节数。

count：为要进行读写多少个 size 字节的数据项。

fp：文件型指针

⑥ 读入整型量 getw 函数和 putw 函数。

getw 函数的调用方式如下：

```
i=getw(fp);
```

它的作用是从磁盘文件读一个整数到内存，赋给整型变量 i。

putw 函数的调用方式如下：

```
putw(10,fp);
```

它的作用是将整数 10 输出到 fp 指向的文件。

3）文件的定位

① fseek 函数。

fseek 函数即随机定位函数，其函数原型为：

```
int fseek(FILE *fp,long offset,int origin);
```

它的作用是使位置指针移动到所需的位置。

② ftell 函数。

ftell 函数又称定位当前位置指针的函数，其函数原型为：

```
long ftell(FILE *fp);
```

③ rewind 函数。

rewind 函数也称重置位置指针函数。其函数原型为：

```
void rewind(FILE *fp);
```

它的作用是使位置指针重新返回到文件的开头处，此函数无返回值。

4）文件出错检测

① ferror 函数。

ferror 函数的函数原型为：

```
int ferror(FILE *fp);
```

其功能是用来确定文件操作系统中是否出错。

② clearer 函数

clearer 函数的函数原型为：

```
void clearer(FILE *fp);
```

其功能是清除文件结束标志和文件出错标志（设置为 0），此函数没有返回值。

三、实训内容

【实训 9-1】文件的读写操作。

把数组 a 写入文件中，再从文件读入数组 b 中，预测结果并上机调试运行。

```c
#include <stdio.h>
void main()
{
    FILE* fp;
    int a[100]={1,5,6,78,21,34,67,87,23,35},b[100],i ;
    fp=fopen("tmp","wb");
    fwrite(a,sizeof(a),1,fp);
    fclose(fp);
    fp=fopen("tmp","rb");
    fread(b,sizeof(a),1,fp);
```

```
    for(puts(""),i=0;i<10;i++)
      printf("%6d",b[i]);
  printf("\n");
   fclose(fp);
}
```

【实训 9-2】利用 fputc 函数将 26 个小写字母写入 data.txt 文本文件中并上机运行。

```
#include <stdio.h>
void fun(char *fname,char *st)
{
  FILE *fp;
  int i;
  fp=fopen(fname,"w");
  for(i=0;i<strlen(st);i++)
    fputc(st[i],fp);
  close(fp);
}
void main()
{
  fun("data.txt","abcdefghijklmnopqrstuvwxyz");
}
```

【实训 9-3】编写一个程序，从上题的 data.txt 文本文件中读出一个字符，将其加密后写入 data1.txt 文件中，加密方式是字符的 ASCII 码加 1，并将加密后的字符显示出来。

分析：先打开 data.txt 文本文件并建立 data1.txt 文件，从前者读出一个字符 c，将(c+1)%256 这个 ASCII 码对应的字符写入后者中，直到读完为止。

```
#include <stdio.h>
#include <stdlib.h>
void main()
{
  FILE *fp,*fp1;
  char c;
  if((fp=fopen("data.txt","r"))==NULL)
  {
    printf("不能打开文件\n");
    exit(0);
  }
  if((fp1=fopen("data1.txt","w"))==NULL)
  {
    printf("不能建立文件\n");
    exit(0);
  }
  while(!feof(fp))
  {
    c=fgetc(fp);
    c=(c+1)%256;
    fputc(c,fp1);
  }
  fclose(fp);
  fclose(fp1);
  if((fp1=fopen("data1.txt","r"))==NULL)
  {
```

```
    printf("不能打开文件\n");
    exit(0);
  }
  while((c=fgetc(fp1))!=EOF)
  {
    putchar(c);
  }
  printf("\n");
  fclose(fp1);
}
```

【实训 9-4】设有 4 个学生，每个学生有 5 门课的成绩，要求从键盘输入学生的学号、姓名及 5 门课的成绩，计算出平均成绩，并将全部数据保存到磁盘文件 test.txt 中。

【实训 9-5】将上题的磁盘文件 test.txt 中的数据，按平均成绩进行从大到小排序，并将排序结果送到 testsort.txt 磁盘文件中。

四、实训要求

从实训目的、准备、编程、调试、运行结果、实训效果等方面分析，写出实训报告。

实训 10　编译预处理

一、实训目的

（1）掌握宏定义和文件包含处理方法。
（2）掌握条件编译的使用方法。

二、内容摘要

C 语言允许在程序中使用几种特殊命令。在用 C 编译程序对 C 源代码进行编译之前，即在语法分析、代码生成和优化之前，由 C 预处理程序对这些命令进行预处理。然后将预处理的结果和源程序一起再进行通常的编译处理，得到目标代码。

C 语言提供了 3 类预处理命令：宏定义、文件包含、条件编译。

1. 宏定义

宏定义分为不带参数的宏定义和带参数的宏定义。

（1）不带参数的宏定义就是前面介绍的定义符号常量，使用时要注意以下问题：

① 宏定义是用宏名代替一个字符串，只做简单的替换而不做语法检查。

② 宏名一般用大写，但并不是必须的。

③ 宏定义不是 C 语句，不必在行尾加分号。

④ #define 命令要放在函数的外面，宏名的有效范围为定义命令之后到本源程序结束。

⑤ 可以用#undef 命令终止宏定义的作用域。

（2）带参数的宏定义不再是简单的字符串替换，使用时用实参置换形参，其一般格式为：

#define　宏名(参数表)字符串

有两点说明如下：

① 对带参数的宏的展开只是将语句中的宏名后面括号内的实参字符串代替#define 命令行中

的形参。

② 在宏定义时，在宏名与带参数的括号之间不能加空格，否则空格之后的字符都将作为替代字符串的一部分。

2．文件包含

"文件包含"是指一个源文件可以将另一个源文件的全部内容包含进来。在编译预处理时，include 命令让预处理器在程序该点处加入指定文件的内容，然后作为一个源文件提供给编译程序。注意：

（1）文件包含有两种调用方式：

```
#include <文件名>
#include "文件名"
```

二者的区别是：第一种方式中，编译系统直接按照系统指定的目录进行查找；在第二种方式中，系统首先在引用被包含文件的源文件所在的目录下查找要包含的文件，若找不到，再按系统指定的标准方式查找。

（2）一个 include 命令只能指定一个被包含文件，如果有多个要包含的文件，就用多个 include 命令。

（3）在一个被包含文件中可以包含另外一个被包含文件，即文件包含是可以嵌套的。

3．条件编译

如果希望对一部分程序只在满足一定条件时才进行编译，可以使用条件编译。条件编译命令有#if、#else、#endif、#elif、#ifdef、#ifndef。采用条件编译可以减少被编译的语句，从而减少目标程序的长度。

三、实训内容

【实训 10-1】下面是不带参数的宏定义程序，从键盘上输入字符，直到输入回车键为止，统计其中小写字母的个数，上机调试运行。

```c
#include <stdio.h>
#define  ENTER '\n'              /*不带参数的宏定义*/
void main()
{
  int count=0;
  char c;
  while(1)
  {
    c=getchar();
    if(c==ENTER)
      break;
    if(c>='a'&&c<='z')
      count ++;
  }
  printf ("输入了%d个小写字母。\n",count);
}
```

【实训 10-2】下面是带参数的宏定义程序，运行时输入 3 个整数，输出最大者。

```c
#include <stdio.h>
#define MAX(a,b) (a>b)?a:b       /*不带参数的宏定义*/
```

```
void main()
{
  int a,b,c,max;
  scanf("%d%d%d",&a,&b,&c);
  max=MAX(a,b);
  max=MAX(max,c);
  printf("max=%d\n",max);
}
```

【实训 10-3】实现带有#elif 的条件编译，分别改变 A 的值为 88、85、70、60、40 并运行程序。

```
#include <stdio.h>
#define A 90
void main()
{
  #if(A>85)
    printf("%d is greater than 85\n",A);
  #elif(A>70)
    printf("%d is greater than 70\n",A);
  #elif(A>60)
    printf("%d is greater than 60\n",A);
  #elif(A==60)
    printf("%d = 60\n",A);
  #else
    printf("%d is less than 60\n",A);
  #endif
}
```

【实训 10-4】#ifdef 的运用。

当宏名被定义后，下面程序将输入的一串字母中的小写字母转换为大写字母。当宏名没被定义，则会怎样？上机调试运行。

```
#include <stdio.h>
#include <string.h>
#define UP
void main()
{
  char s[128];
  gets(s);
  #ifdef UP
    strupr(s);          /*将一串字母中的小写字母转换为大写字母*/
  #else
    strlwr(s);          /*将一串字母中的大写字母转换为小写字母*/
  #endif
  puts(s);
}
```

【实训 10-5】编写一个程序使其实现如下功能：输入两个整数，求它们相除的余数（用带参的宏来实现编程）。

四、实训要求

从实训目的、准备、编程、调试、运行结果、实训效果等方面分析，写出实训报告。

实训 11　位运算

一、实训目的

（1）掌握按位运算的概念和方法。

（2）掌握位运算符的使用方法。

（3）掌握通过位运算实现对某些位的操作。

二、内容摘要

1．位运算符

C语言提供6种位运算符：

| &　（按位与）　　　　｜　（按位或）　　　　∧　（按位异或）
| ~　（按位取反）　　<<　（左移）　　　　>>　（右移）

2．按位与运算

参与运算的两个整数或字符按照二进制位对齐，如果对应位都为1，则该位的结果为1，否则该位结果为0。

3．按位或运算

参与运算的两个整数或字符按照二进制位对齐，如果对应位都为0，则该位的结果为0，否则该位结果为1。

4．按位异或运算

参与运算的两个整数或字符按照二进制位对齐，如果对应位相同时，则该位的结果为0，否则该位结果为1。

5．按位取反运算

对一个二进制数按位取反，即0变为1，1变为0。

6．左移运算

在左移位操作中，右端出现的空位以0补上，移至左端之外的位舍弃。

7．右移运算

在右移位操作中，如操作数的数据类型不带符号位，则左端出现的空位补0，移出右端的位舍弃；若是带符号位，则其符号保持不变。

8．位段

在一个结构体中以位为单位来指定其成员所占内存长度，这种以位为单位的成员称为"位段"或"位域"。

三、实训内容

【实训 11-1】写出结果并上机调试运行。

```
#include <stdio.h>
void main()
```

```
{
  unsigned char a,b;
  a=0x9d;
  b=0xa5;
  printf("~a:%x\n",~a);
  printf("a&b:%x\n",a&b);
  printf("a|b:%x\n",a|b);
  printf("a^b:%x\n",a^b);
}
```

【实训 11-2】写出结果并上机调试运行。

```
#include <stdio.h>
void main()
{
  unsigned int a=0;
  printf("%x,%u\n",~a,~a);
}
```

【实训 11-3】写出结果并上机调试运行。

```
#include <stdio.h>
void main()
{
  int a=8,b=-8;                        /*(二进制数: 00001000)*/
  printf("%d\n",a<<2);
  printf("%d\n",b<<2);
}
```

【实训 11-4】输入一个八进制数，任意指定从右面第 n1 位开始取其右面 n2 位。

```
#include <stdio.h>
void main()
{
  int getbits(unsigned a,int n1,int n2);
  unsigned a;
  int n1,n2;
  printf("Input a,n1,n2:");
  scanf("%o,%d,%d",&a,&n1,&n2);
  printf("The result is :%o\n",getbits(a,n1,n2));
}
getbits(unsigned a,int n1,int n2)
{
  unsigned b,c;
  b=a>>(n1-n2+1);
  c=~(~0<<n2);
  return b&c;
}
Input a,n1,n2: 331,7,6
The result is :66
```

【实训 11-5】设计一个函数，对一个 16 位的二进制数取出它的奇数位（即从左边的第 1、3、5、…、15 位）。

四、实训要求

从实训目的、准备、编程、调试、运行结果、实训效果等方面分析，写出实训报告。

实训 12　C 语言程序设计项目开发

一、实训目的

（1）通过开发学生成绩管理系统，复习巩固 C 语言程序设计各方面知识。

（2）了解 C 语言程序设计项目开发的方法。

（3）培养读者综合运用知识解决问题的能力以及创新设计能力，提高 C 语言程序设计水平。

二、内容摘要

1．项目开发过程

初学者常常将程序编码混淆为项目开发，如果从软件工程的观点来看，项目开发是一系列过程，包括如图 2-3 所示的步骤。

图 2-3　项目开发过程

软件工程将系统化的、规范的、可度量的方法应用于项目开发、运行和维护过程，即将工程化应用于项目中。下面简单地介绍项目开发的过程。

2．可行性和需求分析

可行性要回答"能不能做"的问题，需求分析要回答"能做多少"的问题。给定无限的资源和无限的时间，则所有的项目都是可以实现的。但是现实软件产品的开发都要在有限的条件下完成，这就要首先评估其可行性。可行性分析大致要考虑以下几方面。

（1）经济可行性。成本—收益分析是开发商业软件战略计划的第一步，即便是自由软件不以赢利为目的，也要考虑软件开发成本。

（2）技术可行性。相关的技术是否能在有限的时间内完成一个可接受的系统，系统的功能和性能是否满足可预见的要求。

（3）人力资源。管理、技术和市场各方面的人员是否到位。

（4）其他因素。包括市场、风险和法律许可等方面。

可行性分析结束时应该书写项目可行性报告，明确项目的成本和收益，存在的风险和冲突，当前技术的优势和障碍，以及对其他因素的依赖。

需求分析的任务是确定软件所要实现的功能，这是软件开发过程中的第一个技术步骤，用户的需求要提炼为具体的约定，并作为后续所有软件设计活动的基础。

需求分析按常规可以细分为下列步骤，在实际操作时应当按照项目的大小和特点等情况确定合适的步骤。

（1）需求获取。需求分析人员应该充分了解市场和客户的需求，和一些客户进行交流，了解用户的业务目标，收集用户业务中的数据和信息，明白用户的业务处理方法和流程。

（2）需求分析。明确用户所描述的系统的内部和外部边界，通过这个边界的信息流和物质流确定诸多需求的优先级，找出用户的基本需求，即用户日常工作所期望的需求；普通需求，即用户日常工作带来便利的需求；兴奋需求，想用户所未想，给用户带来惊奇的需求。为需求建立模型，包括数据流图、实体关系图、状态转换图、对话框图、人机交互图等。

（3）编写需求说明书。需求分析阶段应该输出软件需求说明书。需求说明书应该包括项目视图，对产品进行定义和说明；描述软件的运行环境，包括硬件平台、操作系统，还有其他的软件组件或其共存的应用程序；详尽地列出软件最终提交给用户的功能，使用户可以使用所提供的特性执行服务或者任务；描述产品如何响应可预知的出错条件或者非法输入或动作。对每个需求都有唯一的标识，使需求具有可跟踪性和可修改性的质量标准。

（4）需求确认。要求用户在需求说明书上签字，是终止需求分析过程的正确方法。需求确认使需求分析人员和用户就软件的功能达成共同认识和有效约定。

开发软件系统最为困难的部分就是准确说明开发什么，需求分析过程中有很多因素，会给需求分析带来障碍。需求分析时要注意下列不利因素：

（1）和用户交流不够。

（2）用户需求的不断变化、增加。

（3）用户需求模棱两可。

（4）过于简化的需求说明。

（5）不必要的特性。

（6）不准确的特性。

3．系统设计

系统设计处于软件工程中的核心位置。软件的需求分析决定了软件"做什么"；而系统设计要决定"怎么做"。系统分析基于需求分析形成规范和约定，系统设计时做出的决策最终会影响软件构造的成功与否，更重要的是决定软件维护的难易程度。

系统分析是将用户需求转化为完整的软件产品的唯一方法，系统设计是一个反复迭代的过程。初始时，蓝图描述了整个软件的整体视图；随着迭代的深入，需求变换成越来越清晰的软件蓝图；最后，用户的需求、功能和数据演化为软件的模块、函数和数据结构。系统设计中有一些重要的概念体现了系统设计的方法，即抽象、模块化和求精。

1）抽象

抽象体现了人类本身的思维习惯，我们借助于计算机软件来解决现实问题时，首先必须对问题的相关具体事务进行抽象，并建立一个计算机软件模型，这个模型可以被程序设计语言描述出来。

在软件设计中具有 3 种抽象形式：抽象数据、抽象过程和抽象控制。

抽象数据是对客观世界具体事物的抽象表示。高级程序设计语言都支持抽象数据类型的定义，如在 C 语言中可以自定义结构类型。例如，在一个旅店管理系统中，在表示一个房间时，需要提取如图 2-4 所示的有关属性。

抽象过程是将客观世界中的行为动作抽象为一系列程序设计语言的指令序列。

抽象控制蕴含着不同抽象过程之间的控制机制，抽象控制可以协调一系列抽象过程的执行来完成一个复杂功能。

房间
房间编号
类型（单人间/双人间）
价格
状态（空闲/预定/使用等）

图 2-4　抽象数据

2）模块化

模块化设计的方法已被广泛地采用，软件的体系结构体现了模块化的概念。一个完整的软件系统被划分为独立命名并具有独立功能的模块构建，它们集成到一起，实现了整个系统的功能需求。

模块化设计过程有两种相反的思路：自顶向下和自底向上。自顶向下是一个逐步分解的过程，自底向上是一个逐步集成的过程。不管采用哪种方法，对整个系统分而治之，系统的整体视图划分为若干个模块，如图 2-5 所示，每个模块实现系统的部分功能，所有的模块组装在一起，构成整个系统，完成系统要求的功能。

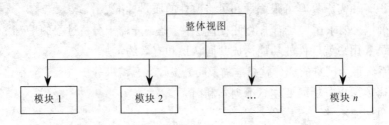

图 2-5　模块化

模块设计时，应使模块具有下列特征：

① 可分解性。模块由系统分解而来，它降低了整个系统的复杂性，模块要易于构造和使用。

② 可组装性。模块组装在一起就构成了一个系统或更大的模块，模块可以被重复使用，用于组装新的系统。

③ 独立性。模块作为一个独立的单位行使功能。

④ 保护性。如果模块内部出现异常，它的副作用应当局限在该模块内部。

3）求精

自顶向下的设计策略采用逐步求精的方法，程序的体系结构模块逐步分解形成。最初是一些较为宏观的模块，这些模块进一步划分为一组较为具体的小模块，这个求精过程可以反复多次，直到最后形成程序设计语言的函数、语句或表达式。

求精设计是一个推敲的过程，一开始定义几个较为宏观的概念，没有提供有关功能的内部工作流程和数据结构，在求精过程中，功能被细化，并提出越来越多、越来越具体的技术和实现细节。随着求精过程的深入，模块的数量在递增，代码的可复用程度也在增加。程序设计流行一个原则为小即优美。

4）系统设计

软件系统设计是一个多步骤的过程，其主要任务是从用户的需求中综合出数据结构的表示、程序结构、程序接口和过程的细节。

程序是由数据驱动的，因此数据设计是软件系统设计的第一步，系统设计首先要从用户的应用和需求领域中，提炼出数据结构。数据结构直接影响程序结构和程序流程。

4．软件编码

在有了系统详细设计的说明书后，就可以依据它编写实际的程序。写好一个程序不仅要求它符合程序设计语言所要求的语法规则，修正其中的错误，使它运行得足够快，还有更多的工作要做好。程序不仅给计算机读，还要给程序员读；不仅给自己读，还要给其他人读。为了保证程序代码的可读性，便于程序的修改、扩充、复用等要求，在编码之前，通常都要制定该系统的软件编程规范。

1）编程规范

编程规范用来约束不同程序员的编程习惯，使整个系统的软件代码具有一致的良好的设计风格。在编程规范中可以制定许多对编码的具体要求，下面将讨论其中的一些较为基本的规范。

首先，要指定编程语言及其标准。就 C 语言而言，不同的厂商扩展功能，添加新的特性，它本身也处在不断的发展变化中。1989 年，ANSI（美国国家标准委员会）对 C 语言制定了 C89 标准；1999 年，ISO（国际标准化组织）对 C 语言制定了 C99 标准。这是当前 C 程序采用的最新标准。

其次，要为系统中的模块及子模块制定代码和编号。模块和子模块中使用的全局变量在命名时，应该带上模块或子模块的前缀，以示区分。在程序异常时，如果要显示错误信息，也应该带上模块的代号，以便于定位错误。在模块间传递数据时，通常需要附上源模块和目标模块的编码，以便于对数据的跟踪。

2）代码保护

有人说完全不会出错误的程序是没有使用价值的，错误总是要伴随程序存在的，会发生意想不到的情况。无论编写代码的程序员怎么小心也不能完全避免，但使用一些有效的代码保护方法，可以大大地减少和抵御异常错误。其中，程序员在编码中养成一些良好的习惯，对于提高软件质量、排除错误具有举足轻重的作用。例如：

① 在代码中添加注释。

② 在 C 语言程序中禁用 goto 语句，虽然 goto 语句可以调高编码的灵活性，但它破坏了结构化程序的顺序过程，造成程序的结构混乱，完全可以通过其他结构来实现 goto 语句。

③ 对定义的变量要赋予一定的初值，在选择结构中不同分支要对变量赋给不同值时，很容易漏掉变量赋值，给随后的处理带来错误。定义指针变量要赋给空值（NULL）。

④ 使用 const 定义不会改变的常量，将不会改变的函数形参声明为 const。

良好的习惯要逐步积累，遵守这些规则并不困难，却可以有效提高代码质量。

5．软件测试

测试可以证明程序中存在错误，但不能证明程序中没有错误。测试是在程序能工作的情况下，为了验证其功能、性能、稳定性等而进行的一系列有目的的试验。常见测试有：

① 单元测试。单元测试对软件模块单元进行验证，只有这些构成软件系统的零部件工作良好，才能进行下一步的测试工作。

② 集成测试。单元测试通过以后，将软件模块集成起来进行测试。集成测试可以检查各个模块之间的接口是否存在问题。

③ 确认测试。翻开软件需求文档，对照其中的规约，来确认软件是否满足文档中描述的功能要求。

④ 系统测试。软件只是整个计算机系统的一部分，还需将软件放到其应用环境（包括各种硬件设备）中进行系统测试。

软件测试时，应该形成书面的软件测试报告，记录软件测试的用例，测试环境、方法、过程以及测试结果。

三、实训内容

【实训 12-1】学生成绩管理系统。

学生成绩管理系统主要提供学生信息的输入、学生信息的输出、学生信息的查询、学生信息的删除以及学生信息的排序等功能。通过学生成绩管理系统程序的设计开发，能使读者对函数、文件、结构体及指针等方面的知识及技能有进一步的认识。

1．系统分析

本系统所要实现的功能有以下几个：

（1）设计一个功能显示菜单，并有选择提示。

（2）建立学生信息数据，包括学号、姓名、语文、数学、英语、物理和化学的成绩，统计每个学生的总分及平均分。

（3）能显示所有学生的信息。

（4）任意输入一个学号，能够查出该学生的相关信息。

（5）能实现学生数据的添加。

（6）能实现学生数据的删除。

（7）能实现学生数据的修改。

（8）按照平均分从高到低排序输出。

整个系统包括 8 个模块，为了体现模块化编程的思想，对每一个模块都分别编写函数来实现。本系统的各个模块如图 2-6 所示。

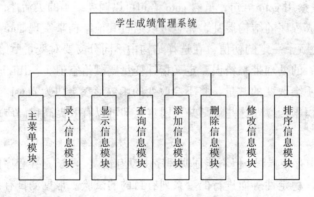

图 2-6　系统模块图

2．功能分析

学生成绩管理系统的流程图如图 2-7 所示。

下面根据流程图来设计及实现各个功能模块。

3．系统功能的实现

1）录入信息模块的实现

创建文件时使用，可录入学生的学号、姓名以及五门课程的成绩。程序代码如下：

```c
/* 1.录入信息函数 */
void Student_Input()
{
    char t;
    int i;
    FILE *fp;
    fp=fopen("studentfile.dat","wb");
```

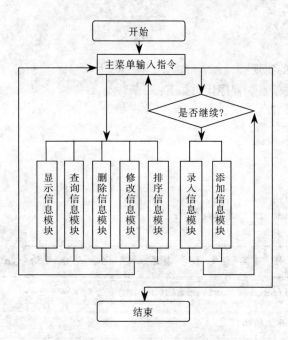

图 2-7　系统的流程图

```
for(i=0;i<SIZE;i++)
{
  printf("\n              是否继续?(y/n)");
  t=getch();
  if(t=='n'||t=='N')
  {
    fclose(fp);
    return;
  }
  else
  {
    printf("\n请输入学号(4位数字以内):");      /* 从键盘接受输入 */
    scanf("%d",&stu[i].nNum);
    printf("\n请输入姓名(8个字符以内):");
    scanf("%s",stu[i].name);
    printf("\n请输入语文成绩(0~100):");
    scanf("%d",&stu[i].iCn);
    printf("\n请输入数学成绩(0~100):");
    scanf("%d",&stu[i].iMaths);
    printf("\n请输入英语成绩(0~100):");
    scanf("%d",&stu[i].iEn);
    printf("\n请输入物理成绩(0~100):");
    scanf("%d",&stu[i].iPhy);
    printf("\n请输入化学成绩(0~100):");
    scanf("%d",&stu[i].iChe);
    stu[i].iSum=SUM; /* 求总分 */
    stu[i].fAvage=stu[i].iSum/5.0f;          /* 求平均分 */
    fwrite(&stu[i],sizeof(Student),1,fp); /* 写文件 */
  }
```

```
    }
    fclose(fp);
}
```

2）显示信息模块的实现

显示文件中的相关信息。程序代码如下：

```c
/*2. 显示信息函数 */
void Student_ListOut()
{
    FILE *fp;
    int i;
    system("cls");
    printf("\n\n");
    fp=fopen("studentfile.dat","rb");
    printf("                    成绩单\n");
    printf("----------------------------------------------------\n");
    printf("学号  姓    名 语文 数学 英语 物理 化学 总分 平均分\n");
    printf("----------------------------------------------------\n");
    for(i=0;fread(&stu[i],sizeof(Student),1,fp)==1;i++)
    {
        LP;  /* 在屏幕上输出信息 */
        printf("----------------------------------------------------\n");
    }
    fclose(fp);
}
```

3）查询信息模块的实现

输入所要查询的学生学号，如果文件中有该学号学生的信息就可以输出查询结果，如果没有此人，显示"没有查询到该学号的信息！请返回！"。程序代码如下：

```c
/* 3.查询信息函数 */
void Student_Search()
{
    FILE *fp;
    int i,num;
    int flag=0;
    system("cls");
    printf("\n\n");
    fp=fopen("studentfile.dat","rb");
    rewind(fp);
    printf("请输入要查询的学号:");
    scanf("%d",&num);
    for(i=0;i<=SIZE;i++)
        if(stu[i].nNum==num)
        {
            printf("                    查询结果\n");
            printf("----------------------------------------------------\n");
            printf("学号  姓    名 语文 数学 英语 物理 化学 总分 平均分\n");
            printf("----------------------------------------------------\n");
            LP;  /* 在屏幕上输出信息 */
            printf("----------------------------------------------------\n");
            flag=1;   /* 置找到标志 */
            break;
        }
```

```
    if(flag==0)
    {
      printf("***********************************************\n");
      printf("             没有查询到该学号的信息!\n");
      printf("             请返回!\n");
      printf("***********************************************\n");
      return;
    }

    fclose(fp);
}
```

4）添加信息模块的实现

可以在文件末尾添加学生信息。程序代码如下：

```
/* 4.添加信息函数 */
void Student_Add()
{
  char t;
  int i;
  FILE *fp;
  system("cls");
  printf("\n\n");
  fp=fopen("studentfile.dat","ab+");
  rewind(fp);
  printf("                        成绩单\n");
  printf("-------------------------------------------------------\n");
  printf("学号  姓    名 语文 数学 英语 物理 化学 总分 平均分\n");
  printf("-------------------------------------------------------\n");
  for(i=0;fread(&stu[i],sizeof(Student),1,fp)==1;i++)
  {
    LP   /* 在屏幕上输出信息 */
    printf("-------------------------------------------------------\n");
  }
  for(i=0;i<SIZE;i++)
  {
    printf("\n              是否继续?(y/n)");
    t=getch();
    if(t=='n'||t=='N')
    {
      fclose(fp);
      return;
    }
    else
    {
      printf("\n 请输入学号(4 位数字以内):");   /* 从键盘接受输入 */
      scanf("%d",&stu[i].nNum);
      printf("\n 请输入姓名(8 个字符以内):");
      scanf("%s",stu[i].name);
      printf("\n\r 请输入语文成绩(0~100):");
      scanf("%d",&stu[i].iCn);
      printf("\n\r 请输入数学成绩(0~100):");
      scanf("%d",&stu[i].iMaths);
      printf("\n\r 请输入英语成绩(0~100):");
```

```
          scanf("%d",&stu[i].iEn);
          printf("\n\r请输入物理成绩(0~100):");
          scanf("%d",&stu[i].iPhy);
          printf("\n\r请输入化学成绩(0~100):");
          scanf("%d",&stu[i].iChe);
          stu[i].iSum=SUM;                                  /* 求总分 */
          stu[i].fAvage=stu[i].iSum/5.0f;                   /* 求平均分 */
          fwrite(&stu[i],sizeof(Student),1,fp);             /* 写文件 */
          printf("\n\n");
          printf("            新添加的学生成绩单\n");
          printf("--------------------------------------------------------\n");
          printf("学号  姓   名 语文 数学 英语 物理 化学 总分 平均分\n");
          printf("--------------------------------------------------------\n");
          LP;   /* 在屏幕上输出信息 */
          printf("--------------------------------------------------------\n");
        }
    }
    fclose(fp);
}
```

5）删除信息模块的实现

如果系统中有需要删除的学生信息，可以通过删除信息模块来实现。输入要删除学生的学号，系统就可以删除该学号的学生的所有信息。程序代码如下：

```
/* 5.删除信息函数 */
void Student_Delete()
{
    FILE *fp;
    int i,num,n;
    int total =0;
    int flag=0;
    system("cls");
    printf("\n\n");
    fp=fopen("studentfile.dat","rb");                       /* 打开文件 */
    printf("              原始成绩单\n");
    printf("--------------------------------------------------------\n");
    printf("学号  姓   名 语文 数学 英语 物理 化学 总分 平均分\n");
    printf("--------------------------------------------------------\n");
    for(i=0;fread(&stu[i],sizeof(Student),1,fp)==1;i++)
    {
        LP;                                                 /* 在屏幕上输出信息 */
        printf("--------------------------------------------------------\n");
    }
    fclose(fp);
    total=i-1;
    printf("请输入要删除学生的学号:");
    scanf("%d",&num);
    for(i=0;i<=SIZE;i++)
      if(stu[i].nNum==num)
      {
        printf("\n");
        printf("            要删除的学生信息\n");
        printf("--------------------------------------------------------\n");
        printf("学号  姓   名 语文 数学 英语 物理 化学 总分 平均分\n");
```

```
      printf("-------------------------------------------------\n");
      LP;  /* 在屏幕上输出信息 */
      printf("-------------------------------------------------\n");
      n=i+1;
      flag=1;
      break;
   }
if(flag==0)
 {
   printf("**************************************************\n");
   printf("                    查无此人!\n");
   printf("                    请返回!\n");
   printf("**************************************************\n");
   return;
 }
printf("\n\n");
for(i=n;i<=total;i++)
 {
   memcpy(&stu[i-1],&stu[i],sizeof(Student));/* 将删除的学生后续的学生信息向
                                               前移动 */
 }
memset(&stu[total],0,sizeof(Student));          /* 最后一个学生不可以和倒数第二
                                                   内容一致, 作清除操作 */
fp=fopen("studentfile.dat","wb+");              /* 打开文件 */
for(i=0;i<total;i++)
 {
   fwrite(&stu[i],sizeof(Student),1,fp);        /* 写文件 */
 }
fclose(fp);
getch();
system("cls");
fp=fopen("studentfile.dat","rb");
printf("\n");
printf("              删除后的成绩单\n");
printf("-------------------------------------------------\n");
printf("学号 姓    名 语文 数学 英语 物理 化学 总分 平均分\n");
printf("-------------------------------------------------\n");
for(i=0;fread(&stu[i],sizeof(Student),1,fp)==1;i++)
 {
   LP;  /* 在屏幕上输出信息 */
   printf("-------------------------------------------------\n");
 }
fclose(fp);
}
```

6）修改信息模块的实现

如果系统中有需要修改的学生信息，可以通过修改信息模块来实现。系统显示是否继续，回答 n 或 N 系统返回主菜单，输入其他任意字符继续，输入要修改学生的学号，系统先显示该学生的原有信息，然后用户按照提示输入该学生的新信息，这样就可以修改该学生的所有信息。程序代码如下：

```
/* 6.修改信息函数 */
void Student_Change()
{
  FILE *fp;
  int i,num,n;
  int flag=0;
  system("cls");
  printf("\n\n");
  fp=fopen("studentfile.dat","rb");
  printf("                    原始成绩单\n");
  printf("---------------------------------------------------------\n");
  printf("学号  姓    名 语文 数学 英语 物理 化学 总分 平均分\n");
  printf("---------------------------------------------------------\n");
  for(i=0;fread(&stu[i],sizeof(Student),1,fp)==1;i++)
  {
    LP;                              /* 在屏幕上输出信息 */
    printf("---------------------------------------------------\n");
  }
  fclose(fp);
  printf("请输入要修改学生的学号:");
  scanf("%d",&num);
  for(i=0;i<=SIZE;i++)
    if(stu[i].nNum==num)             /* 找到需要修改的学生信息 */
    {
      printf("                  原成绩单\n");
      printf("---------------------------------------------------\n");
      printf("学号  姓    名 语文 数学 英语 物理 化学 总分 平均分\n");
      printf("---------------------------------------------------\n");
      LP   /* 在屏幕上输出信息 */
      printf("---------------------------------------------------\n");
      n=i;
      flag=1;                        /* 置找到标志 */
      break;
    }
    if(flag==0)
    {
    printf("*****************************************************\n");
    printf("            没有该学号的信息!\n");
    printf("            请返回!\n");
    printf("*****************************************************\n");
    return;
    }
    printf("\n");
    fp=fopen("studentfile.dat","rb+");
    fseek(fp,n*sizeof(Student),0);             /* 定位文件读写指针 */
    printf("\n请输入新学号(4位数字以内):");       /* 从键盘接受输入 */
    scanf("%d",&stu[i].nNum);
    printf("\n请输入新姓名(8个字符以内):");
    scanf("%s",stu[i].name);
    printf("\n请输入语文新成绩(0~100):");
```

```
        scanf("%d",&stu[i].iCn);
        printf("\n请输入数学新成绩(0~100):");
        scanf("%d",&stu[i].iMaths);
        printf("\n请输入英语新成绩(0~100):");
        scanf("%d",&stu[i].iEn);
        printf("\n请输入物理新成绩(0~100):");
        scanf("%d",&stu[i].iPhy);
        printf("\n请输入化学新成绩(0~100):");
        scanf("%d",&stu[i].iChe);
        stu[i].iSum=SUM;                          /* 求总分 */
        stu[i].fAvage=stu[i].iSum/5.0f;           /* 求平均分 */
        fwrite(&stu[i],sizeof(Student),1,fp);     /* 写文件 */
        fclose(fp);
        fp=fopen("studentfile.dat","rb");          /* 再一次打开文件 */
        printf("                  新成绩单\n");
        printf("---------------------------------------------------\n");
        printf("学号  姓    名 语文 数学 英语 物理 化学 总分 平均分\n");
        printf("---------------------------------------------------\n");
        for(i=0;fread(&stu[i],sizeof(Student),1,fp)==1;i++)
        {
          LP;                                      /* 在屏幕上输出信息 */
          printf("---------------------------------------------------\n");
        }
        fclose(fp);
}
```

7）排序信息模块的实现

系统先显示所有信息，然后按平均分从高到低排序。程序代码如下：

```
/* 7.排序信息函数 */
void Student_Order()
{
  int i,j,n;
  FILE *fp;
  Student t;
  system("cls");
  printf("\n\n");
  fp=fopen("studentfile.dat","rb");
  printf("                  原始成绩单\n");
  printf("-----------------------------------------------------\n");
  printf("学号  姓    名 语文 数学 英语 物理 化学 总分 平均分\n");
  printf("-----------------------------------------------------\n");
  for(i=0;fread(&stu[i],sizeof(Student),1,fp)==1;i++)
  {
    LP;                                        /* 在屏幕上输出信息 */
    printf("-----------------------------------------------------\n");
  }
  fclose(fp);
  n=i;
  for(i=0;i<n;i++)
    for(j=i+1;j<n;j++)
      if(stu[i].fAvage<stu[j].fAvage)      /* 对平均成绩排序 */
```

```
        {
          t=stu[i];
          stu[i]=stu[j];
          stu[j]=t;
        }
        fp=fopen("studentfile.dats","wb"); /* 创建并打开新文件 */
        printf("\n\n");
        printf("                 按平均成绩排序成绩单\n");
        printf("-----------------------------------------------------\n");
        printf("学号 姓   名 语文 数学 英语 物理 化学 总分 平均分\n");
        printf("-----------------------------------------------------\n");
        for(i=0;i<n;i++)
        {
          LP;                                   /* 在屏幕上输出信息 */
          printf("-----------------------------------------------------\n");
          fwrite(&stu[i],sizeof(Student),1,fp); /*排序后,将结果写入文件*/
        }
        fclose(fp);
}
```

8）主菜单的实现

主菜单模块用来实现学生信息管理系统的主界面，主要完成的功能有主菜单显示、主菜单选项的输入选择、不同功能模块的调用，从而达到用户与该系统交互的目的。系统运行后，在主界面会出现一个操作列表，选择相应的序号，即可进入对应的操作界面，程序代码如下：

```
#include <stdio.h>
#include <string.h>
#include <stdlib.h>
#include <conio.h>
#define SIZE 100000
#define SUM stu[i].iCn+stu[i].iMaths+stu[i].iEn+stu[i].iPhy+stu[i].iChe
#define LP printf("%4d%10s%5d%5d%5d%5d%5d%5d%7.2f\n",stu[i].nNum,
            stu[i].name,stu[i].iCn,stu[i].iMaths,stu[i].iEn,
            stu[i].iPhy,stu[i].iChe,stu[i].iSum,stu[i].fAvage)
typedef struct tagStudent
{
  int n;                    /* 序号 */
  int nNum;                 /* 学号 */
  char name[10];            /* 姓名 */
  int iCn;                  /* 语文成绩 */
  int iMaths;               /* 数学成绩 */
  int iEn;                  /* 英语成绩 */
    int iPhy;               /* 物理成绩 */
    int iChe;               /* 化学成绩 */
    int iSum;               /* 总分 */
    float fAvage;           /* 平均成绩 */
} Student;
Student stu[SIZE];
/* 学生成绩管理系统主函数 */
void main()
{
```

```
    int n;
    for(;;)
    {
      system("cls");
      printf("\n");
      printf("      /********************************************\\\n");
      printf("      *                                          *\n");
      printf("      *              学生成绩管理系统             *\n");
      printf("      *                                          *\n");
      printf("      *                  主菜单                  *\n");
      printf("      *              1.录入信息                  *\n");
      printf("      *              2.显示信息                  *\n");
      printf("      *              3.查询信息                  *\n");
      printf("      *              4.添加信息                  *\n");
      printf("      *              5.删除信息                  *\n");
      printf("      *              6.修改信息                  *\n");
      printf("      *              7.排序信息                  *\n");
      printf("      *              8.退出系统                  *\n");
      printf("      *                                          *\n");
      printf("      \\\\********************************************/\n\n");
      printf("              请输入选择项(1-8):");
      scanf("%d",&n);
      printf("\n");
      if(n>0&&n<=8)
      {
        switch(n)
        {
          case 1:Student_Input();break;
          case 2:Student_ListOut();break;
          case 3:Student_Search();break;
          case 4:Student_Add();break;
          case 5:Student_Delete();break;
          case 6:Student_Change();break;
          case 7:Student_Order();break;
          case 8:exit(0);
        }
      }
      else
      { printf("      **********************************************\n");
        printf("      *                                          *\n");
        printf("      *              感谢您的使用!               *\n");
        printf("      *                                          *\n");
        printf("      *              按任意键退出!               *\n");
        printf("      *                                          *\n");
        printf("      **********************************************\n");
        break;
      }
      getch();
    }
  }
```

四、实训要求

从实训目的、准备、编程、调试、运行结果、实训效果等方面分析，写出实训报告。

实训 13 C 语言程序课程设计

一、实训目的

通过开发小型软件，巩固所学知识，增强综合运用知识解决问题的能力以及创新设计能力，提高 C 语言程序设计的水平。

二、运行环境

采用 VC++ 6.0 作为软件开发工具。该软件采用 C 语言结构化程序设计方法实现，遵循 ISO C89 标准。

三、实训内容

【实训 13-1】图书管理系统。

1．总体功能分析

根据图书管理的需求以及特征，本系统主要有六个子模块，如图 2-8 所示。

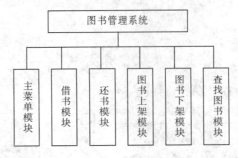

图 2-8 图书管理系统模块

2．各功能模块分析

（1）借书模块。该模块主要完成借书的操作。在借书时，需要输入读者学号和书号。读者借完书后，相应的馆藏图书的数量会减少。

（2）还书模块。该模块主要完成还书的操作。在还书时，需要输入读者学号和书号。读者还完书后，相应的馆藏图书的数量会增加。

（3）图书上架。该模块主要完成图书上架的基本操作。即图书的增加和显示操作。

（4）图书下架。该模块主要完成图书下架的基本操作。即在架图书的删除和显示操作。

（5）查找图书。该模块主要完成图书查找的基本操作。即在架图书的查找和显示操作。

（6）主菜单模块。主菜单模块用来实现图书管理系统的主界面，主要完成的功能有主菜单显示、主菜单选项的输入选择、不同功能模块的调用，从而达到用户与该系统交互的目的。

【实训 13-2】酒店管理系统

1．总体功能分析

根据酒店管理的需求以及特征，本系统主要有六个子模块，如图 2-9 所示。

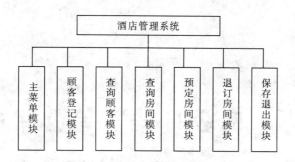

图 2-9　酒店管理系统模块

2．各功能模块分析

（1）顾客登记模块。要求输入身份证号和姓名、年龄及性别。输入完毕，系统即可记录下该顾客的信息，并提示登记房间。选择房间号后，提示登记成功与否。

（2）查询顾客模块。要求输入要查询的顾客身份证号，输入完毕，系统会从所有的顾客中查找与所输入的顾客身份证号一样的顾客，并显示找到的顾客信息。

（3）查询房间模块。可查询输出空房间信息。

（4）预定房间模块。在预定房间时，需要输入顾客身份证号、姓名、年龄和性别等信息。

（5）退订房间模块。在此功能项中，需要输入要退房的顾客的身份证号。

（6）保存退出模块。可保存所有顾客及房间的信息。

四、实训要求

（1）在规定时间内完成规定课程设计内容。

（2）进行软件测试，形成书面的软件测试报告，记录软件测试的用例，测试环境、方法、过程、以及测试结果。

（3）写出课程设计实训报告，附源程序清单以及软件。

第 3 章 二级 C 语言等级考试辅导

3-1 C 语言概述辅导

3-1-1 常见错误分析

（1）语句后面漏了分号。C 语言规定语句末尾必须有分号，分号是 C 语言语句不可缺少的一部分，一个语句漏掉分号就不成为语句了。

（2）在 C 语言中，以#号开头的行为 C 语言的预处理命令，不是真正的 C 语言语句，后面不写分号。

（3）在所定义的函数的名称后面使用分号是错误的，如 main 函数后使用分号是错误的。

（4）在右花括号 "}" 后面不使用分号。

（5）C 语言的注释不能嵌套，即一对 "/*" 和 "*/" 之间可以包含任何字符，但不能再包含 "/*" 或 "*/"。

3-1-2 笔试知识重点难点分析

1. 选择题

【例题 1】（　　　）是构成 C 语言程序的基本单位。

A. 函数　　　　　　B. 过程　　　　　　C. 子程序　　　　　　D. 子例程

相关知识

- C 语言函数：在 C 程序中，任何程序都是由一个或多个函数构成的。
- C 语言语句：一个函数的函数体由若干语句组成，语句又分为可执行语句和非可执行（说明性质）语句。每个语句（复合语句除外）都必须使用分号结尾。
- 主函数 main：对于一个完整的程序来说，必须且只能有一个主函数，即 main 函数。程序从 main 函数的第一条语句开始执行，main 函数中的代码执行完毕则意味着程序执行完毕。

答案：A。

2. 填空题

【例题 2】C 语言是一种_____化程序设计语言。

相关知识

结构化程序设计由 3 种基本结构组成，分别是：顺序结构、选择结构、循环结构。

答案：结构。

【例题 3】C 程序中语句必须以_____作为结束标志。

相关知识

所有的 C 语言语句都必须以分号 ";" 结束。单独的一个分号而没有前面的语句体，称为空语句，在 C 语言中是合法的语句。

　　答案：分号或 ";"。

3-2　基本数据类型、运算符及表达式辅导

3-2-1　常见错误分析

1. 除法运算和求余运算时出现错误

在程序中将计算公式(x+y+z)/3 错写成 1/3*(x+y+z)，忘记了表达式 1/3 的计算结果为 0，结果导致整个表达式的结果为 0。另一方面是错用实型数进行求余运算，如定义 x 为实型，程序中却出现了诸如 x%5 之类的表达式，因为 C 语言规定只有整型数才能进行求余运算。

2. 表达式书写错误

出现最多的错误有两类：① 丢掉乘号；② 括号不配对或丢掉括号。

例如，对于代数式 x+3yz 定义数据类型：

```
float  x,y,z;
```

下面的写法是错误的：

```
x+3yz            /*丢掉了两个乘号*/
```

正确写法为：

```
x+3*y*z
```

3. 忘记定义变量

例如：

```
#include <stdio.h>
void main()
  {
    int x,y;
    x=1;
    y=6;
    z=x+y;
    printf("%d\n",z);
  }
```

结果是变量 z 没有定义。

4. 忽略了字母大小写的区别

许多高级语言中，对字母的大小写不作区别，但 C 语言却要区别字母的大小写。有许多读者受其他语言影响，在这方面经常犯错误，主要有以下两方面：

（1）定义和引用变量时忽略了大小写的区别。

例如：

```
#include <stdio.h>
void main()
  {
    float r,s;
    scanf("%f",&R);
    s=3.14*R*R;
```

```
    printf("% f\n",s);
  }
```

变量 r 和 R 是两个不同的变量。习惯上，C 语言程序中的变量一般都采用小写。

（2）函数名、类型名中有大写字母。

例如：

```
Int a;
PRINTF("INPUT:");
```

5．未注意 int 型数据的取值范围

一般计算机上使用的 C 语言编译版本，为一个 int 型变量分配的存储空间是两个字节，在这个空间中，能存储的整数范围为-32 768 ~ 32 767。如果给变量赋的值超过这个范围，就将发生错误，例如下面程序：

```
#include <stdio.h>
void main()
{
   int x;
   x=80000;
   printf("x=% d",x);
}
```

运行结果为：

```
x=14464
```

可见并非是赋给 x 的值。原因是 80 000 超过了变量 x 的取值范围。实际上，如果处理比较大的整数，可将变量定义为 long 型。例如：

```
#include <stdio.h>
void main()
   {
       long x;
       x=80000;
       printf("x=%ld\n",x);
   }
```

3-2-2　笔试知识重点难点分析

1．选择题

【例题 1】不合法的常量是（　　　）。

A. '\2'　　　　　　B. ""　　　　　　C. ''　　　　　　D. "\483"

相关知识

字符常量：C 语言字符常量有多种写法。首先，C 语言中的转义字符有三类。

（1）特殊的转义字符，如表 3-1 所示。

表 3-1　转义字符表

字　　符	作　　用	字　　符	作　　用
\a	响铃	\t	制表符，横向跳格
\b	退格	\v	竖向跳格

续表

字　　符	作　　用	字　　符	作　　用
\f	走纸换页	\\	反斜线字符 "\"
\n	换行	\'	单引号字符
\r	回车	\"	双引号字符

将表中的任何一个转义字符用单引号括上都表示某个特定的 ASCII 码字符，其作用是固定的。但在标准输出时，有些字符的实际意义会与表中所述有所差别。

（2）由八进制序列组成的转义字符。

此类字符的标准写法是'\ddd'，其中的 d 表示一个八进制数码。如果不足 3 位可在前面补 0 或不补，例如，'\004'、'\04'和'\4'都代表同一个字符。注意，其中的任何一个 d 不能是数字 8 以上（包括 8 在内）的数码，例如，'\284'之类的错误字符，C 语言的编译器不能查出此类错误。

（3）由十六进制序列组成的转义字符。

此类字符的标准写法是'\xhh'，其中的 h 表示一个十六进制数码。如果不足两位可在前面补 0 或不补，例如，'\x04'和'\x4'代表同一个字符。其次，普通的字符只是两个单引号括起来的一个字符，例如，'A'。在特殊情况下，一个整数也可以充当字符使用。

- 字符串常量：字符串常量是由双引号括起来的一串字符，每个字符串常量的最后是结束符'\0'。计算字符串常量时'\0'不包括在内。在特殊情况下，可以一个字符也不包括，形成的字符串即是 "" "，称其为 "空字符串" 或 "空串"。此字符串仅占用一个字节，存放的是字符串结束符，即'\0'。若用 strlen（""）函数测试，此值为 0。
- 字符常量与字符串常量的区别：需要注意理解字符串常量与字符常量的区别。例如，尽管字符串常量"D"和字符常量'D'写法相近，但它们占用的存储空间和内容却有差别，字符串与字符的用法也完全不同，下面的输出都是错误的：

```
printf("%s",'D');   printf("%c","D");
```

分析：由上所述，B 和 D 是字符串常量，A 和 C 是字符常量。C 语言允许空字符串，B 是正确的。选项 D 中字符串"\483"是值得注意的，因为初看起来它是一个八进制转义序列，但因为 8 超出了八进制范围，系统自动将其识别为由 3 个字符'\4'、'8'和'3'组成，在输出时显示为"◆83"。

选项 A 是一个普通的八进制转义字符，ASCII 码值是 2。选项 C 仅由两个连续的单引号组成，不是正确的字符常量。有些 C 语言版本不能检查出此类错误。

答案：C。

【例题 2】在通常计算机上的 C 语言中，int 类型数据占用_____（1）_____字节存储；unsigned int 类型数据占用_____（2）_____字节存储；short 类型数据占用_____（3）_____字节存储；long 类型数据占用_____（4）_____字节存储。

A. 1　　　　　　　　B. 2　　　　　　　　C. 4　　　　　　　　D. 8

相关知识

- 整型数据的存储：尽管在不同的系统中，数据的存储长度会有差异，但一般数据有无符号不影响存储长度，short 类型的数据不会超过普通类型数据的长度。
- 浮点数据的存储：float 是单精度浮点类型，其对应常量如 3.14F，存储长度为 4 字节。考生应注意一般的浮点常量如 3.14 和 0.0314e2 总是双精度浮点常量，与 double 类型数据相对应，占 8 字节。

- 字符数据存储：字符型数据总是占用 1 字节存储，这与有无符号无关。

分析：由于数据占用空间与其有无符号无关，故 int 和 unsigned int 类型数据都占 4 字节，short 类型数据也占 2 字节，long 类型数据占用 4 字节。

答案：（1）C （2）C （3）B （4）C

【例题 3】 下述语句的输出为（　　　　）。

```
#include <stdio.h>
void main()
{
    int  x=-1;
    printf("%d,%u,%o",x,x,x);
}
```

A．-1,-1,-1
B．-1,32 767,-177 777
C．-1,32 768,177 777
D．-1,65 535,177 777

相关知识

- 有符号整数转换成无符号整数：有符号数与无符号数的转换仅体现在对符号位的处理上。如果将一个内存中存储的二进制序列视为有符号数，则最高位是符号位，不是数值；若将此数视为无符号数，则最高位也是数值的一部分。
- 有符号整数变长：一个有符号整数变长时，增加的高位用符号位补充，保持数值不变。
- 无符号整数变长：一个无符号整数变长时，增加的高位用 0 补充，保持数值不变。
- %u、%x 和%o 输出格式：在 printf 函数中，不论原来的整数有无符号，以%u、%x 或%o 输出时，原数总是被解释成无符号数。并且，以%x 或%o 输出时，不会输出前导的 0 或 0x。例如，八进制数 72 或十六进制数 af 不会输出为 072 或 0xaf。
- 二进制整数到八进制整数转换：接由低位向高位的方向，将 3 个二进制位合并成一个八进制数码即可，最高位不够时以 0 补充。
- 二进制整数到十六进制转换：接由低位向高位的方向，将 4 个二进制位合并成一个十六进制数码即可，最高位不够时以 0 补充。

分析：-1 在内存中的存储为（补码）：

-1　1 111111111111111
　　↑
　符号位

如果将其视为有符号数，即按%d 的格式输出，则最高位为符号位，表示负数，计算出原码，值为-1。若将此数视为无符号数，即按%u 的格式输出，则最高位也被看作数据位而失去符号位的作用，因无符号（可认为是正数），直接计算出值为 65535。

答案：D。

2．填空题

【例题 4】 经过下述赋值后，变量 x 的数据类型是_____。

```
int x=2;
double y;
y=(int)(float)x;
```

相关知识

变量类型：在 C 语言中任何变量一经定义后，其数据类型不可能改变，无论参加什么运算只能使用或改变其值。

答案：int。

3-3　数据的输入输出辅导

3-3-1　常见错误分析

（1）在使用标准输入输出库函数时，忘记在程序前使用#include<stdio.h>。

（2）注意 3 个字符输入函数 getchar、getch 或 getche 的差别：

getchar 函数在由键盘输入一个字符后，必须按回车键，而 getch 和 getche 不需要，getche 和 getchar 会显示出所输入的字符，而 getch 函数不显示输入的字符。

（3）scanf 函数使用中的常见错误。

下面通过给实型变量 x，y 分别输入数据 3.6 和 5.9 来进行说明。

① 变量名前漏掉了地址运算符。

例如，将 scanf（"%f%f",&x,&y）；

错写成 scanf（"%f%f",x,y）；

② 输入数据时格式错误。

这种错误主要是因输入数据时的格式与 scanf 函数要求的格式不匹配造成的。

例如，scanf("%f%f",&x,&y);

正确的输入格式为 3.6　　5.9

或　　3.6

　　　5.9

如按下面的格式输入数据

　　　　　　　3.6，5.9

则是错误的。

如果 scanf 函数为 scanf("%f,%f",&x,&y);

此时，正确的输入格式为

　　　　　　　3.6，5.9

如果数据间没有输入逗号，同样会发生错误。

③ 格式转换符与变量不配对。

例如，将 scanf 函数写成了

```
scanf("%f%d",&x,&y,&z);
```

或 scanf("%f",&x,&y);

④ 格式控制串中写了普通字符，输入时却没有输入。

例如，scanf("x=%f y=%f",&x,&y);

输入数据格式应为 x=3.6　　y=5.9，如果没有输入 "x=" 和 "y=" 这类字符，则发生错误。

将 scanf 函数写成了下面形式：

```
scanf("%f%f\n",&x,&y);
```

此时输入数据格式应为 3.6　5.9\n，掉了\n同样发生错误。

（4）printf 函数使用中的常见错误。

① 格式转换符使用错误。

由于整型数据和实型数据的存储格式不一样，所以如果用%f 格式输出整型数据或用%d 格式输出实型数据都将发生错误。

例如：

```
#include <stdio.h>
void main()
{
  int x;
  float y;
  x=5,y=10.5;
  printf("x=%f,y=%d\n",x,y);
  }
```

运行结果为：

```
x=0.000000, y=1076166656
```

可见，与原值都不一样。

② 输出格式控制不好使数据间分不清彼此。

例如：

```
#include <stdio.h>
void main()
{
  int x,y;
  x=45;y=2;
  printf("%d%d\n",x,y);
}
```

输出结果为：

```
452
```

可见，分不清哪个是 x 的值，哪个是 y 的值。实际中，应注意控制好数据的输出格式，用某一种分隔符如逗号、空格、回车键将数据分开，例如，可将上面的 printf 语句改写为：

```
printf("%d,%d\n",x,y);
```

3-3-2　笔试知识重点难点分析

1. 选择题

【例题 1】以下程序的输出结果是（　　　）。

```
#include <stdio.h>
void main()
{
  int x=02,y=3;
  printf("x=%%d,y=%%d",x,y);
}
```

A. x=2,y=3　　　　B. x=%2,y=%3　　　　C. x=%%d,y=%%d　　　　D. x=%d,y=%d

相关知识

printf 函数族中的格式控制：在 printf 函数（包括整个类似于 printf 函数的一些函数族，如 cprintf、 sprintf 函数等）中，都使用"%"作为一个"格式描述项"的起始符。因此，如果在此类函数中"夹带输出"%，则需要连续写上两个%，前面的%仅是标识，后面的%则是真实含义。本例中，输出格式为"x=%%d,y=%%d"，这里，由于两个%被解释成一个%输出，致使"d"也成了普通字符而失去类型描述作用。

分析：本例所考查的是一种典型错误。从原函数的类型上看，此类函数属于参数不定的函数，因此，C 语言本身很难检查出其中的错误。

对于选项 A，这是以"x=%d, y=%d"作格式描述的输出结果；输出为 B 的描述格式应该是"x=%%%d, y=%%%d"，而 C 则对应格式"x=%%%%d, y=%%%%d"。

答案：D。

【例题 2】以下程序的输出结果是（　　　）。

```c
#include <stdio.h>
void main()
{
  int  a=1234;
  float b=123.456;
  double c=12345.54321;
  printf("\n%2d,%2.1f,%2.1lf",a,b,c);
}
```

A．输出格式中位数不够，无输出　　　　　B．12,12.4,12.5

C．1234,123.5,12345.5　　　　　　　　　D．1234,123.4,1 234.5

相关知识

- printf 函数的浮点数默认输出格式：在 printf 函数的输出中，若无输出宽度限制，每种数据都有一个默认的输出宽度，一般浮点数的小数位数则是 6 位，不管输出格式是%f 或%lf 都如此。
- printf 函数的浮点数宽度限制输出：以%mf 或%mlf 格式输出浮点数时，如果指定的宽度大于实际数据宽度，按指定宽度输出，且多余位数以空格补上；如果指定的宽度小于实际数据宽度，浮点数的整数部分将以实际数据（位数）输出，小数部分按指定位数输出，且对数据做四舍五入处理。
- printf 函数的整数限宽输出：没有宽度限制的整数原数输出。在宽度限制小于数的实际位数时，宽度说明无效，按数的实际位数输出。

分析：类似选项 A 的答案在输出时基本不可能发生。本例中数据的整数部分限制宽度都不够，根据上述分析，整数部分将按实际数据输出，可见 B 和 D 错误。

答案：C。

【例题 3】下述程序段中，语句"getchar();"的真实作用是（　　　）。

```c
#include <stdio.h>
void main()
{
  int x;
  scanf("%c",&x);
  getchar();
  printf("%c",x);
}
```

A．清除键盘缓冲区中多余的字符　　　B．接收一个字符，以便后续程序中使用

C．为后续的%c 格式输出做转换　　　　D．无任何实际用处

相关知识

- getchar、getche 和 getch 函数：这 3 个函数的功能一致，接收从键盘输入的一个字符，使用形式如 getchar，通常可将此表达式赋给一个变量。这 3 个函数工作时具有细微的差别：

  getchar 函数：输入时需要接回车键才能结束输入，在按回车键之前允许编辑输入的数据，输入的字符回显在屏幕上。此函数由 stdio.h 文件定义。

  getche 函数：按一次键即结束输入，输入的字符回显在屏幕上，由 conio.h 文件定义。

  getch 函数：按一次键即结束输入，输入的字符不回显在屏幕上，由 conio.h 文件定义。

- 输入函数留下的"垃圾"：众所周知，按下一个键时，通常会在键盘缓冲区中产生字符，输入函数则从键盘缓冲区中取走需要的数据。遗憾的是，C 语言的某些函数常常只取走了自己需要的数据，对多余（输入）的数据并不进行清理，致使这些数据仍残留在键盘缓冲区内，有可能对以后的输入语句造成不良影响，scanf 和 getchar 函数都是典型的例子。

分析：本例主要考查对标准输入函数的后续处理问题。一些程序中经常见到类似本题中的写法，其中的"getchar();"语句的作用就是取走 scanf 函数留下的多余的'\n'，可见 A 正确。

答案：A。

说明：

尽管可以使用 getchar 函数清除缓冲区的多余字符，但一个 getchar 函数只能清除一个字符，使用不方便。

2．填空题

【例题 4】下述程序的输出结果是（　　　　）。

```c
#include <stdio.h>
void main()
{
  int x=-2345;
  float  y=12.3;
  printf("%6D,%06.2F",x,y);
}
```

相关知识

- 格式化输出或输入中的类型符：C 语言是一种对大小写字母敏感的语言，因此，使用者不仅需要注意标识符（包括关键字）中字母的大小写，在输入和输出函数中更是如此。

  在 printf 函数的格式描述中，允许使用的大写类型字符只有 X、E 和 G，分别表示以大写方式输出十六进制整数、浮点数和紧缩格式的浮点数。如果按字符串中的字母不能表示为类型字符，它将被解释成普通字符原样输出。

- %的使用：在 printf（或 scanf）函数的类型符表中，通常都有%%表示%的说法，也就是说，printf 函数的格式控制串中连续两个%只输出一个，但如果有一个%，它与后续的字符不能构成正确的格式描述项，则将作为普通字符输出。

- 补 0 输出：在%后附加一个"0"表示该数据左对齐输出,如果与"-"号搭配使用，即以"%-0"形式出现时，0 将失去作用。

分析：本题中，尽管在 printf 函数中控制串有%号，由于 D 和 F 不能表示类型字符，6、06.2 也就失去了本来的作用而成为普通字符。因此，该语句的作用相当于输出字符串"%6D, %06.2F"。

答案：%6D，%06.2F（Turbo C2.0 系统）；D，（VC++6.0 系统）。

3-4　结构化程序设计辅导

3-4-1　常见错误分析

1．在不该加分号的地方加了分号

例如：

```
if(x>max);
max=x;
```

本意为当 x 大于 max 时，将 x 的值赋给 max，但由于 if(x>max) 后面加了分号，因此，if 语句到此结束，即当 x>max 为真时，执行一个空语句，max=x 成了不管条件是否成立都要执行的语句，此时编译程序不报告错误，但运行结果显然出错。

2．误将"="作为"等于"比较符

在 C 语言中，"="是赋值运算符，"=="为关系运算符"等于"，如果将语句

```
if(a==b) printf("a equal to b\n");
```

中的 a==b 受习惯影响写成 a=b 即：

```
if(a=b) printf("a equel to b\n");
```

则将发生错误，而且这种编译错误程序检查不出来，因为编译程序将（a=b）作为赋值表达式处理，整个语句的语法并无错误，但已背离程序设计者原意，这不仅起不到比较的作用，而且把 a 的值也冲掉了。

3．条件书写错误

例如，用语句

```
if(-10<x<10)
digit=1;
```

表示如果 x 处于-10 与 10 之间时，给变量 digit 赋值 1。这种写法在语法上是正确的，编译程序查不出错来，但执行结果是错误的。例如，x=15 时，不应该执行 digit=1，但条件式的计算结果却是 1，应执行 digit=1。具体计算过程是，先计算-10<x，结果为 1，再计算 1<10 结果为 1。正确的写法应该是：

```
if(x>-10&&x<10)
digit=1;
```

这类错误初学者应特别注意。

4．switch 语句的各分支中漏写 break 语句

许多高级语言中都有与 switch 语句功能类似的语句，不同的是 C 语言的 switch 语句的各分支后要加 break 语句，如果漏写，将导致错误。

5．循环结构中累加（乘、减）变量忘记置初值或置初值的位置不对

下面程序用于计算 1+2+3+4+5。

```
#include <stdio.h>
void main()
{
    int i,sum;
    sum=0;
```

```
for(i=1;i<=5;i++)
sum=sum+i;
printf("sum=%d\n",sum);
}
```

程序中的 sum 称累加变量，这类变量的作用是借助循环语句将若干数据累加起来。这类变量在循环外必须置初值，否则 sum 的值就是不确定的，导致累加错误。实际中，经常有人在程序中忘记写 sum=0 之类的置初值语句，或者将 sum=0 写到循环体中，即：

```
for(i=1;i==5;i++)
{
    sum=0;
    sum=sum+i;
}
```

显然，都是错误的。

3-4-2 笔试知识重点难点分析

1. 选择题

【例题 1】对下述程序，（   ）是正确的判断。
```
#include <stdio.h>
void main()
{
    int x,y;
    scanf("%d,%d",&x,&y);
    if(x>y)
       x=y;
       y=x;
    else
       x+;
       y++;
    prinif("%d,%d",x,y);
}
```

A．有语法错误，不能通过编译   B．若输入数据 3 和 4，则输出 4 和 5

C．若输入数据 4 和 3，则输出 3 和 4   D．若输入数据 4 和 3，则输出 4 和 4

相关知识

• if 语句：可称为条件语句或分支语句，其基本形式只有两种：

① if(表达式)
   语句

② if(表达式)
   语句
   else
   语句

由于在表达式为真或假的时候所执行的语句的特殊性，可以派生出一些特殊的形式，如阶梯式的条件语句等。

• if 语句中 else 与 if 的搭配关系：复杂的 if 语句中可能有许多个 if 和 else，其配对的原则是：一个 else 应与距离最近且没有与其他 else 配对的 if 搭配使用。

分析：不管 if 语句中的条件为真或假，只能执行一个语句，而程序中的 x=y; y=x; 违反了这一点，故选项 A 是正确的判断。改正的办法是将多个语句合成一个复台语句。

题目中的其他选项是在假定 x=y；y=x；为复合语句的基础上产生的。

答案：A。

说明：因为 if 语句的结构简单，试题通常集中在格式、错误和不良编程习惯上。例如，可能使用了如下形式的 if 语句：

```
if(x>0);
   y=x;
```

这里，if 之后的分号是多余的。

也有的程序段中漏掉了 if 或 else 部分的语句后面的分号等。

【例题 2】下面程序输出的是（　　　）。

```
#include <stdio.h>
void main()
{
   int a,b,c;
   a=10;
   b=50;
   c=30;
   if(a>b)a=b,
      b=c;
   c=a;
   printf("a=%d,b=%d,c=%d",a,b,c);
}
```

A．a=10,b=50,c=10　　　　　　　B．a=10,b=30,c=10

C．a=50,b=30,c=10　　　　　　　D．a=50,b=30,c=50

相关知识

- if 语句。

- 逗号表达式。

分析：回答此题时应先注意到 "a=b,b=c;" 是一个语句，将原程序按正常格式改写后就一目了然了：

```
int a,b,c;
a=10;
b=50;
c=30;
if(a>b)
   a=b,b=c;
   c=a;
printf("a=%d,b=%d,c=%d",a,b,c);
```

可见，因 a>b 为假，if 语句什么都不做。再注意到语句 "c=a;" 与 if 语句无关，总要执行。所以，程序执行后，a，b 值不变，c 值为 10，A 正确。

答案：A。

【例题 3】下面程序的输出是（　　　）。

```
#include <stdio.h>
void main()
{
   int x=100,a=10,b=20;
```

```
    int v1=5,v2=0;
    if(a<b)
    if(b!=15)
        if(! v1)
          x=1;
        else
          if(v2)  x=10;
     x=-1;
     printf("%d",x);
}
```

A. 100   B. -1   C. 1   D. 10

相关知识

if 语句。

分析：此例与前例类似，只要注意到语句"x=-1;"无条件执行，不必考虑前面那些复杂的 if 结构。这些语句只是"幌子"。

答案：B。

【例题 4】下述程序输出的是（   ）。

```
#include <stdio.h>
void main()
{
  int x=0,y=0,z=0;
  if(x=y+z)
    printf("* * *");
  else
    printf("# # #");
}
```

A. 有语法错误，不能通过编译

B. ***

C. 可以编译，但不能通过连接，因而不能运行

D. ###

相关知识

● if 语句。

● 赋值运算"="与关系运算"=="的差别。

分析：在 C 语言中，比较容易用混的运算是"="和"=="，尤其在 if 语句中更是如此。本例中，y+z 的值为 0。因此，表达式 x=y+z 使变量 x 的值为 0，此赋值表达式的值也为 0，逻辑含义为假。所以，程序应执行 if 结构中 else 之后的语句，输出为"###"。

选项 B 是将"="看做"=="的结果。

答案：D

说明：试题中经常出现一些混用的相近运算，而其代码又很简单，应多加注意。这样的运算主要包括"="、"= ="、"& &"、"&"、"‖"和"｜"。

【例题 5】下述循环的循环次数是（   ）。

```
#include <stdio.h>
void main()
{
```

```
  int k=2;
  while(k=0) printf("%d",k),
  k--;
  printf("\n");
}
```

A. 无限次　　　　　B. 0 次　　　　　　　C. 1 次　　　　　　D. 2 次

相关知识

- while 语句。

- 逗号表达式。

- 典型错误："="与"=="运算混淆。

分析：回答本题须注意表达式 k=0 是赋值表达式而非关系表达式，不论 k 为何值，表达式 k=0 使 k 为 0，且此表达式的值也为 0，故不能进入循环，B 正确。

若将 k=0 改为 k!=0 又如何呢？答案是 D。此时，虽然 k-- 写在下一行，但它与 printf("%d",k) 一起构成一个逗号表达式，都是循环体的一部分。循环的初始条件为真，每次 k--，直到 k=0 结束，共循环两次。

答案：B。

【例题 6】在下述程序中，判断 i>j 共执行了（　　　）次。

```
#include <stdio.h>
void main()
{
  int i=0,j=10,k=2,s=0;
  for(; ;)
    {
      i+=k;
      if(i>j)
        {
          printf("%d\n",s);
          break;
        }
      s+=i;
    }
}
```

A. 4　　　　　　　B. 7　　　　　　　　C. 5　　　　　　　　D. 6

相关知识

- 循环结构。

- break 语句。该语句可以用在 switch 结构和循环结构中，其作用是一致的：终止 switch 语句或循环语句的执行。使用格式为：
  ```
  break;
  ```
  用在循环结构中的 break 语句增加了该循环语句的出口点。

分析：本例涉及 break 语句，重在循环次数的判定。本例的循环由于无出口，只能借助 break 语句终止。

鉴于题目要求说明判断 i>j 的执行次数，只需考查经过 i+=k 运算如何累计 i 的值（每次累计判别 i>j 一次），i 值分别是 i=2，4，6，8，10，12，在 i=12 时，判断 i>j 为真，程序输出 s 的值并结束，共循环 6 次。

答案： D。

2．填空题

【例题 7】下述程序的运行结果是_____。

```c
#include <stdio.h>
void main()
{
    int s=0,k;
    for(k=7;k>4;k--)
    {
        switch(k)
        {
            case 1:
            case 4:
            case 7: s++;break;
            case 2:
            case 3:
            case 6: break;
            case 0:
            case 5: s+=2;break;
        }
    }
    printf("s=%d",s);
}
```

相关知识

switch 语句。

分析： 本例主要考查 switch 语句的用法。这里体现的是一种若干个 case 子句共用同一组语句的 switch 结构。因为循环只有 3 次，k=7，k=6 和 k=5，可见其他子句都是无用的。在 k=7 时，执行 s++；终止 switch 结构，使 s=1；在 k=6 时，直接执行语句 break 终止 switch 结构；当 k=5 时，执行 s+=2；终止，使 s=3。所以执行 printf 语句时，输出为 s=3。

答案： s=3。

【例题 8】下述程序利用二分法求方程 $2x^3-4x^2+3x-6$ 在 (-10,10) 之间的根，请填空。

```c
#include <stdio.h>
#include <math.h>
void  main()
{
    float  eps=1.0E-5;
    float  x0=0.0, x1=3.0,x=(x0+x1)/2.0;
    float  mid=((2*x-4)*x+3)*x-6;
    while(_____(1)_____)
    {
        if((((2*x0-4)*x0+3)*x0-6)*_____(2)_____<0)
            x1=x;
        else
            x0=x;
        x=(x0+x1)/2.0;
```

```
     (3)     =((2*x-4)*x+3)*x-6;
    }
  printf("root=%f",x);
}
```

相关知识

● 循环结构。

● 典型问题：方程求根。

分析：本例属于典型的计算问题。二分法求根的基本思想是测试区间中点 x 的函数值，若是根（满足精度要求）即结束。否则，若中点函数值与 x0 点函数值符号不同，将区间缩小为(x0,x)，否则将区间缩小为(x,x1)。然后，继续测试中点的函数值等。

根据上述讨论，（1）处应为精度判别：fabs(mid)>eps。（2）处用于判别 x0 点和 x 点的函数值是否同号，以便更新区间，应填入 mid（即 x 点的函数值）。在区间更新后，计算新的区间中点（x=(x0+x1)/2.0），然后计算中点的函数值，重新开始下一次循环，故（3）处应填入 mid。

答案：（1）fabs(mid)>eps，（2）mid，（3）mid。

【例题 9】下述程序的运行结果是_____。

```
#include <stdio.h>
void main()
{
  int a,b;
  for(a=1,b=1;a<=100;a++)
    {
      if(b>=20)
      break;
        if(b%3==1)
        {
          b+=3;
          continue;
        }
      b-=5;
    }
  printf("%d",a);
}
```

相关知识

● 循环语句。

● break 语句和 continue 语句。

分析：本例同时使用了 break 语句和 continue 语句，可将其作用进行比较。从整体上看，程序至多执行 100 次循环，但若 b>=20 则提前终止。每次循环时，若 b%3 为 1 则计算 b+=3，否则计算 b-=5，因此，原循环可改写成：

```
for(a=1,b=1;a<=100&&b<20;a++)
{
    if(b%3= =1)
        b+=3;
    else
        b-=5;
}
```

进一步观察，因为 b 的初始值为 1，第一次循环时 b%3==1 为真，计算 b+=3。因为计算后的 b 使表达式 b%3==1 仍为真，再次循环时又计算 b+=3。可见，程序只是做 b+=3 的累加，直到 b>=20 为止。

因为 b 的初始值为 1，故经过 7 次 b+=的累加后为 22，此时 a=7。再计算 a++，a 的值为 8，判断 b<20 为假，循环终止。故最后的输出结果是 8。

答案：8。

3-5 数 组 辅 导

3-5-1 常见错误分析

1. 定义和引用数组时使用了圆括号

C 语言规定，定义数组和引用下标变量时，必须使用方括号"[ ]"。受其他计算机语言的影响，有些人在程序中经常使用圆括号，这是错误的。例如：

```
#include <stdio.h>
void main()
{
  int i,a(10);
  for(i=0;i<10;i++=)
  scanf("%d",&a(i));
  …
}
```

2. 定义数组时数组元素个数的位置上出现了变量

C 语言规定，程序中定义数组时，必须用常量指明数组中元素的个数。例如：

```
int[10];
```

对于某些编程问题，由于数组的大小不易事先确定，有些人在定义数组时就用了变量，这是错误的。例如：

```
#include <stdio.h>
void main()
{
  int n;
  scanf("%d",&n);
  int  a[n];
      …
}
```

这种用法还出现了语句顺序错误，因为输入语句放在了数据定义语句中间。

对数组大小不易事先确定的问题，实际中，可采用两种方法解决：一是将数组定义大点；二是借助符号常量解决。

3. 定义和引用二维或多维数组的方法不对

C 语言规定，二维数组和多组数组在定义和引用时，必须将每个下标分别用方括号括起来，不能将两个或多个下标括在一个方括号中。例如，下面的用法就是错误的。

```
#include <stdio.h>
void main()
```

```
{
  int a[3,4];
  int x;
  …
  x=a[1,2]+a[1,3]
  …
  }
```

4．数组下标越界

数组一旦定义，其下标的变化范围就确定了，程序中下标不能越界。例如：

```
#include <stdio.h>
void main()
{
  int a[10],i;
  for(i=0;i<=10;i++)
    scanf("%d",&a[i]);
  …
  }
```

就出现了下标越界的错误。因为数组定义时已确定下标的变化范围为 0~9。C 语言对下标越界不进行检查，所以编程中更应注意。

程序中的下标越界，常常是由于不正确的下标表达式或循环参数等引起。要特别注意在循环边界即循环开始和结束时的下标值，如果在边界上的下标值在所允许的范围中，循环中的下标一般也就不会越界了。

5．与字符串结束标志'\0'有关的错误

（1）不清楚什么情况下加'\0'。

在处理字符中，不清楚什么情况下计算机会自动加'\0'，什么情况下不加。一般来说，在以单个字符形式给字符数组赋值时，数组中就没有'\0'。

例如：

```
#include <stdio.h>
void main()
{
  char str[80];
  int i=0;
  while((str[i])=getchar())!='\n')
    i++;
  …
  printf("% s\n",str);
  }
```

由于该题是通过循环逐个字符给数组赋值，所以，字符数组中就没有串结束标志，对这种字符数组就不能用一般的处理方法，printf 函数以串形式输出数组 str 中的字符是错误的。

如果采用 gets 或 scanf 中的%s 转换符给字符数组赋值，计算机自动加'\0'。

（2）字符串处理中忘记加'\0'。

例如，下面程序希望将字符数组 s1 中的字符串复制到数组 s2 中。

```
#include <stdio.h>
void main()
```

```
{
    char sl[30],s2[30];
    int i=0;
    gets(sl);
    while(sl[i]!='\0')
    {
      s2[i]=s1[i];
      i++;
    }
    puts(s2);
}
```

该程序复制字符时，仅将数组 s1 中的有效字符复制，但没有将'\0'复制，所以 s2 中的字符串不是一个标准串，不能用 puts 函数输出。改正方法是在 puts(s2)前面加一条语句：

```
s2[i]='\0';
```

或

```
s2[i]= sl[i];
```

（3）非标准字符串使用字符串处理函数。

6. 字符处理中的其他错误

（1）字符处理中赋给字符数组的字符超过了字符数组的容量。

这种错误最容易在 3 种情况下出现，即字符串输入、字符串复制和字符串连接。因为在完成这些操作的过程中，很少直接用到下标变量，所以，错误常常很隐蔽。

例如：

```
#include <stdio.h>
void main()
{
  char s[10],i;
       …
  gets(s);
       …
}
```

运行时输入：

```
abcdefghijkl
```

因为 s 数组中最多只能存储 9 个字符，实际输入的字符超出了该范围，此时计算机并不指出错误，仍是依次存放，这样，就侵占了其他变量的空间。例如：

```
#include <stdio.h>
#include <string.h>
void main()
{
  char  sl[20],s2[20];
       …
  gets(sl);
  gets(s2) ;
  strcat(s1,s2);
  …
}
```

由于数组 s1 和 s2 中都只能存储 19 个字符，如果将 s2 中的字符串连接到 s1 后面，当两个数组中的字符数之和超过了 19，则连接后的字符串在 s1 中就存不下了，连接的结果就侵占了其他空间。

（2）误用赋值语句给字符数组赋值。

例如，下面程序段中的第 3、4 两行都是错误的。

```
{
    char s1[30],s2[30];
    s1="C language";
    s2=s1;
    ……
}
```

C 语言规定，只能在定义数组时，给数组赋初值，不能在程序中给数组名赋值，所以上面两句都是错误的。

（3）接收字符串时用了取地址运算符。

```
char a[5];
scanf("%s",&a);
```

由于数组名本身代表地址，所以 a 前不应再加&。

3-5-2　笔试知识重点难点分析

1. 选择题

【例题 1】若有以下说明，且 0<=i<10，则（　　）是对数元素的错误引用。

```
int a[]={1,2,3,4,5,6,7,8,9,10},*p=a,i;
```

A．*(a+i)　　　　　B．a[p-a+i]　　　　C．p+i　　　　　D．*(&a[i])

相关知识

- 一维数组定义，一维数组的定义如下：

[修饰]type　数组名[长度];

其中的修饰说明数组的存储类别。应注意"长度"是一个整型的常量表达式，不能含有变量。

- 数组元素的存储：数组的元素在内存中连续存放。

- 数组名的指针约定：C 语言规定，一维数组名是一个指针，是数组第一个元素的地址，可见，其基本类型与元素的类型相同。

分析：本例要求正确辨认指针和普通数组元素。显然，选项 C 中的 p 是指针，表达式 p+i 仍是指针而非数组元素。其他各选项中的表达式都是 a[i]。

答案：C。

2. 填空题

【例题 2】下面的程序输出的是（　　）。

```
#include <stdio.h>
#include <string.h>
void main()
{
    char p1[7]="abc",p2[]="ABC",str[50]="xyz";
    strcpy(str+2,strcat(p1,p2));
    printf("%s\n",str);
}
```

相关知识

- 字符串定义及其初始化。
- 字符串比较函数 strcpy、字符串连接函数 strcat 的特点与用法。

分析：程序定义了 3 个字符串 p1、p2、str，且各取得初值，字符串连接函数 strcat(p1,p2)，使 p1 为新字符串 "abcABC"。"str+2" 是原字符串 str 的子字符串 "z"。strcpy(str+2, strcat(p1,p2)); 等效 strcpy(str+2, "abcABC"); 从而使原字符串 str 的子字符串 "z" 变成新子字符串 "abcABC"，故使 str 变成新字符串 "xyabcABC"。

答案：xyabcABC。

3-6 函 数 辅 导

3-6-1 常见错误分析

1. 定义函数时容易出现的错误

（1）函数定义的第一行后多加了分号。

例如：

```
float max(float a,float b);
{
函数体
}
```

应该去掉第一行后的分号。

（2）变量没定义就使用。

这方面出错最多的是函数中使用了与其他函数，特别是调用函数中名称相同的变量。此时，错误地认为变量定义过，而在本函数中不作定义，或脑子里想着定义，但实际上漏掉了定义。

例如：

```
#include <stdio.h>
void main()
{
    int i,a[15],sum;
    for(i=0;i<5;i++=
    scanf("%d",& a[i]);
    sum=f(a,5);
    printf("%d\n",sum);
}
int f(int x[],int  n)
{
    sum=0;
    for(i=0;i<5;i++=
      sum=sum+x[i];
      return(sum);
}
```

错误：函数中没有定义变量 i 和 sum。

C 语言中，函数内定义的变量都是私有变量，函数间即使变量名相同，也不是同一个变量。

（3）函数返回值概念不清及函数类型定义错误。

C 语言中，一个函数有无返回值，衡量的标准是看该函数中是否通过 return 语句向调用函数返回函数的运算结果。如果没有返回，就认为该函数没有返回值，函数的类型，就可确定为 void 类型。如果用 return 语句返回值，则返回值的类型就是函数的类型，因为函数中只能用 return 语句返回一个值，所以，函数的类型是很明确的。按照这种标准，一个函数如果通过公用变量或数组将处理结果报告给了调用函数，而没有用 return 返回，那么，函数的类型也只能是 void 类型，定义成任何其他类型都是错误的。

（4）函数体一开始就给形式参数赋值。

例如，将计算阶乘的函数定义为：

```
long  fac(int n)
{
  int i;
  long  f=1;
  scanf("%d",&n);
  for(i=1;i<=n;i++)
  f=f*i;
  return(f);
}
```

函数中的 scanf 语句是多余的，因为 n 的值是在函数被调用时，由调用函数中的实参赋值。C 语言中，形式参数都是用于从调用函数中接收数据，在函数体中，形参是作为已知条件出现的。

（5）错误地认为形参数组有自己的数组存储空间。

C 语言中，数组名是数组存储区的首地址。当一个形式参数被定义为数组时，例如：

```
int f(int x[],int n)
{ 函数体 }
```

计算机并没有为形参数组 x 分配存储空间，而是将对应的实参数组的数组名赋给 x，这样，形参数组 x 就与对应的实参数组共用实参数组的存储空间。有些 C 语言书在定义形参数组时，给出了其大小，例如：

```
int f(int x[10],int n)
```

其实，在这里指不指定结果均不变。

（6）形参数组是二维数组时，忘记定义第二维的大小。

例如，定义了如下的函数。希望能计算出任意一个整型二维数组中各元素的和。

```
int sum(int a[][],int n,int m)
{
  float s=0;
  for(i=0;i<n;i++)
  for(j=0;j<m;j++)
  s=s+a[i][j];
  return(s)
}
```

该程序是错误的，原因是形参数组 a 第二维的大小没有指出来。

2．调用函数时容易出现的错误

（1）函数中忘记对被调函数进行说明或说明方法不正确。

函数原形法规定，书写或输入源程序时，如被调函数在前，调用函数在后，调用函数中可省略对被调函数的说明，否则，必须说明。说明的最简单方法就是将函数原型即函数定义的第一行，写在调用函数的说明部分。在结尾加上";"号。

由于目前在书写 C 程序时，调用函数和被调函数的相对位置还没有一种相对固定的写法，一般都是根据编程者的习惯。但是，为了减少错误，希望读者采用某一种固定的写法，不要一会儿这样写，一会儿又那样写。

这种错误的另一种表现就是程序中使用了库函数，程序前却没有用＃include 包含相应的说明文件，或者包含的说明文件与使用的库函数不符。例如下面两个程序都是错误的。

程序 1
```
#include <stdio.h>
void main()
{
  float a=4,b;
  b=sqrt(a);
  printf("%f\n",b);
}
```
错误为程序前漏写了#include<math.h>。

程序 2
```
#include <math.h>
void main()
{
  char c;
  c=getchar();
  putchar(c);
}
```
错误为程序前应使用#include <stdio.h>而不是#include <math.h>。

（2）混淆了有返回值函数和无返回值函数的调用方法。

调用一个无返回值函数，即 void 类型函数，函数调用是一个独立的语句。例如，函数 sort 是一个数组排序函数，原型为
```
void sort(int x[],int n)
```
n 是数组中的元素个数。调用方法应为：
```
#include <stdio.h>
void main()
{
  int a[5]={ 3,7,5,4,8 };
    …
  sort(a,5);
}
```
如果调用行写成其他形式，就要发生错误。相反，如果调用一个有返回值的函数，则函数调用就不能单独成一行，它只能出现在某一个语句中。例如，库函数 sqrt 是开平方函数，返回值为某算术平方根，如用以下方式调用：
```
…
sqrt(4)
…
```
显然是错误的。

3. 变量的作用域和存储类型容易出现的错误

（1）外部变量的全局性也带来一些副作用，例如，要把一个程序中的某几个函数移植到另外的程序中使用，一定要保证这些函数访问的外部变量在前后两个程序中是用同样名称和类型说明

过的，这使得函数的通用性减弱了。另外，函数间通过外部变量相互作用，降低了程序的可读性和可靠性。所以对外部变量要有节制地使用。

（2）因为内部静态变量与自动变量有相似之处，在使用上就容易出错。两者之间有一个重要区别：自动变量是临时性的，函数执行时它随之存在，函数终止后它自行消失；而内部静态变量是永久性的，当包含它们的函数执行完后，把控制返回到调用函数时，它的值被保留下来，如果该程序返回来再次运行同一个函数，会发现，这些静态变量的值与上次的终结值相同。

（3）把取地址运算符&作用于寄存器变量。

3-6-2　笔试知识重点难点分析

1. 选择题

【例题 1】在 C 语言中，当函数调用时，（　　）。

A. 实参和形参各占一个独立的存储单元

B. 实参和形参共用存储单元

C. 可以由用户指定实参和形参是否共用存储单元

D. 由系统自动确定实参和形参是否共用存储单元

相关知识

函数参数的传递规则：C 语言的参数采用传值方式，形参也具有自己的存储空间，以存放来自实参的值。这种参数处理方式意味着形参变量的操作（如修改值等）与实参变量无关。事实上，因为只是传递实参数值的关系，实参可以是一般表达式而不一定是变量。

合理地使用指针做形参变量可以实现对实参变量值的修改，其本质是由被调用函数按调用函数传递给它的地址将数据写入内存空间。

分析：本例考查 C 语言的实参和形参的处理方法。在 C 语言中，参数的传递方式是值传递，这就需要实参和形参各占一个独立的存储单元。在函数调用时，系统将实参的值赋给形参。这也是在通常情况下，修改形参的值与实参变量无关的原因。

答案：A。

【例题 2】C 语言中形参的缺省存储类别是（　　）。

A. 自动（auto）　　　　　　　　　　B. 静态（static）

C. 寄存器（register）　　　　　　　D. 外部（extern）

相关知识

变量的存储属性：C 语言的变量根据说明的不同而分别被存放在动态存储区和静态存储区。存放在动态存储区的变量生存周期短，包括自动变量（auto 修饰）和寄存器变量（register 修饰）。存放在静态存储区的变量生存周期长，包括静态变量（static 修饰）和外部变量（无修饰或 static 修饰）。

分析：本例考查形参变量存储属性特征。在 C 语言中，复合语句中的变量无任何修饰时隐含为 auto 类型，也可以将关键字 auto 显式加在变量定义之前。形参的特点与自动变量完全吻合，其默认的存储类别也是 auto，但不能将此关键字直接加在形参之前。允许加在形参之前的唯一一个类型关键字是 register，如 f(register int x)。

答案：A。

2．填空题

【例题3】下面函数的功能是将字符串 s2 复制给 s1，请填空。

①
```
void strcpy(char *s1,char *s2)
{
  while(____(1)____)
  *s1++=*s2++;
      (2)    ;
}
```
②
```
void strcpy(char *s1,char *s2)
{
while(____(3)____);
}
```

相关知识

- 字符串作为函数参数。
- 字符串运算。

分析：若将 s2 复制给 s1，通常只需要循环将 s2 的每个字符赋值到 s1 相应的位置中即可。

对于程序①，因为*s2='\0'，即 s2 指向字符串结束符时循环应终止，所以，需要单独的语句将'\0'赋值给 s1。

对于程序②，当 s2 结束时，*s2 为 0，赋值表达式也为 0，循环终止。该循环处理上的技巧是字符串结束符也直接参加赋值，不用另外处理。

答案：（1）*s2 或*s2!=0 或*s2!='\0' （2）*s1='\0'或*s1=0 （3）*s1++=*s2++

【例题4】下述程序的输出结果是_____。
```
#include <stdio.h>
int x;
void fun();
void main()
{
  int x=1;
  if(x==1)
    {
      int x=2;
    printf("%d,",x++);
    }
    {
      extern int x;
    printf("%d,",++x);
    }
  fun();
}
void fun()
{
  printf("%d",x++);
}
```

相关知识

- 变量作用域和局部屏蔽。
- 外部变量的引用。

分析：本例考查变量的屏蔽作用和外部变量的特殊性。在 C 语言中，不同范围内允许使用同名的变量，在引用时，如果局部范围定义了变量则局部引用，否则向外层扩展引用，即变量的屏蔽。外部变量的作用域是全局的，可使用 extern 关键字"打破"这种屏蔽。

本例中，第一个输出是 if 结构中定义的变量 x，值为 2。在此之后的一个复合语句中，因为有"extern int x；"的说明，此处引用的是外部变量 x，注意到外部变量由系统自动初始化成 0，故 ++x 为 1。在函数 fun 中，由于局部函数范围没有定义变量，引用外部变量 x，其原值是 1，表达式 x++ 也是 1。

这里，如果无"extern int x ；"说明，复合语句中引用的即是 main 函数中所定义的 x。此例说明了从内部直接引用外部变量的方法。

答案：2,1,1。

3-7　指　针　辅　导

3-7-1　常见错误分析

使用指针编写程序，常见的错误有：

（1）指针变量没有经过初始化，便在程序中使用。

（2）指针变量指向与之说明类型不相匹配的数据类型。

（3）在使用多级指针时，要想访问指针所指向对象的值，结果少写了"*"号，使指针运算发生了质的变化。例如：

```
int a={1,2,3,4,5};
int *p[]={a,a+1,a+2,a+3,a+4};
int **PP;
pp=p;
```

则 pp 内容是 p 首地址；*pp 为 a 数组的首地址；**pp 为 a 数组 a[0] 的值。

但是常会有人写成。*pp 取 a[0] 的值。

（4）在说明指向具有 m 个元素的一维数组的指针变量，少写了圆括号，如正确的写法是：int（*p）[4]；经常会错写成 int *p[4]；两者说明的含义完全不同。

（5）说明指向函数指针变量时，省略了圆括号。正确的写法应是 int(*funcp)()；但常写成 int *funcp()；后者是说明函数 funcp 返回一个指向整型变量的指针，而不是指向函数的指针变量。

（6）指针运算时，忽略了运算符的优先级和结合性。使想改变的内容没有被改变，而改变了不应改变的内容。

（7）指针变量作为函数的形参时，实参传递过来的对应量是变量名，而不是变量的地址。例如：

```
sub(p1,p2)
{
    int p1,p2;
    …
}
```

调用函数：

```
sub1()
{
    int a,b;
    …
```

```
    sub(a,b);
    …}
```

这是错误的，正确的写法应是 sub(&a,&b)。

3-7-2　笔试知识重点难点分析

1．选择题

【例题 1】假定 p1 和 p2 是已赋值的字符型指针，则下述有关运算中，（　　）是非法的。

A．p1+(p1-p2)=30;

B．if(p1= =p2)
　　prinif("equal.");

C．*(p1-2+p2)=getchar();

D．*(p1+=2)=*p2;

相关知识

- 指针的基本含义：在 C 语言中，指针和内存地址具有等同的含义。存放地址需要特殊类型的变量，即指针变量。指针变量的定义为：

类型　*变量名;

例如，char *cp;

在将一个内存地址赋给指针变量后，指针指向一个内存单元，其目的是通过该指针间接引用存放在这块内存中的值。

- 指针基本运算：在 C 语言中，指针可以进行有限的几种运算，主要包括：

指针+整数，结果为指针;

指针-整数，结果为指针;

指针-指针，结果为整数，说明了两指针间元素的个数;

指针变量的自增和自减运算，结果为指针;

指针间的关系运算，结果为 0 或 1;

指针的赋值运算、间接引用及类型强制转换。

- 取地址运算&：任何变量名前缀&运算符即是一个指针，其值是该变量的存储地址。例如，char cx,*p;

则&cx 和&p 分别是 cx 和 p 的地址，称为指向 cx 和 p 的指针。

- 间接引用运算*：*在 C 语言中有两种含义，分别为乘法运算和间接引用运算。任何一个地址前缀*运算符都等同于一个变量，可以对其进行其他同类型变量所允许的一切运算。例如，对于前述的地址&cx 和&p，*(&cx)和*(&p)分别是字符类型和指针类型的变量，可以进行如下运算：

*(&cx)='A';　*(&p)=&cx;

分析：此例考查对指针基本运算的了解。

选项 A 中，p1-p2 是整数，p1+(p1-p2)是指针。选项 C 中的 p1-2+p2 是非法运算。选项 D 中的 p1+=2 是指针，值为 p1+2，整个赋值语句使 p2 指向的数据存放到 p1+2 指向的存储单元且 p1 自身加 2。

答案：C。

2．填空题

【例题 2】下面的程序的输出结果是_____。

```
#include <stdio.h>
```

```
void main()
{
  int a[]={5,8,7,6,2,7,3};
  int y,*p=&a[1];
  y=(*--p)++;
  printf("%d",y);
}
```

相关知识

- 数组指针的引用。
- ++与*的混合运算。

分析：首先要认识到数组的下标从 0 开始，故 p 指向 a[1]，其次，--p 是 p 减 1 后的值，故--p 是指向 a[0] 的指针，*--p 则是 a[0]，因此，表达式(*--p)++等同于 a[0]++。可见，变量的值是 a[0]，即为 5。赋值后，p 指向 a[0]，a[0] 的值加 1 为 6。

答案：5。

3-8　构造数据类型辅导

3-8-1　常见错误及应用技巧

1. 结构体与共用体应用中易犯的错误

在学习和使用结构体和共用体这两种数据类型的过程中，最易犯的错误有以下几条：

（1）将结构体类型与结构体变量混为一个概念。把定义结构体类型中的结构体名误认为是结构体变量。这是受 C 语言其他类型数据定义的影响。因为其他类型数据定义的一般格式：

<类型修饰符><类型指示符><变量名 1>[,<变量名 2>,…,<变量名 n>];

显然类型指示符后直接跟变量名，但结构体类型指示符 struct 后跟的是结构体名，不是变量名。对 C 语言来说，除结构体与共用体外的数据类型是已知的、固有的、单一不变的，结构体类型是未知的，需要程序员定义。因而结构体类型应是多样化的，也可以说有无数个类型。共用体也是这样。

（2）结构体变量和其他类型变量一样，可以直接引用，直接对其进行操作运算。对结构体变量的引用，必须是对其成员的引用。通过对成员值的修改运算，来改变结构体变量的值。事实上对结构体变量所能进行的运算是很有限的。它们分别为：

&t：求结构体变量 t 的首地址；

t.plan：引用结构体变量 t 中的 plan 成员；

sizeof(t)：求结构体变量 t 所占字节数。

（3）在结构体类型定义时，忽略其作用域，会造成如下失效：

① 函数形参为结构体变量定义失效。

② 函数体内定义结构体变量的失效。

③ 函数本身定义为结构体类型的函数（或结构体指针类型的函数）失效。

由于结构体类型是程序员定义的，所以需格外注意其作用域。当结构体变量或结构体指针变量作为形参时。应把该结构体类型定义放在所有函数之外（即全局定义）。

（4）对于共用体也容易犯上述 3 种类似错误。

（5）对结构体指针变量进行自增运算，误以为指针变量存放的是结构体中的第二个成员的地址值。

（6）将某一种结构体类型的指针变量，当作另外一种结构体类型的指针变量使用。

结构体指针变量的定义，总是跟随着一个特定的结构体类型。所谓不同结构体类型，指的是其内各成员定义不相同（即成员个数和成员类型不相同）。所以相应的结构体指针变量绝对不能混用。

2．结构体与共用体的应用技巧

（1）所有结构体（共用体）类型定义集中放到一个文本文件（文件名最好以.h 为扩展名）中。

（2）当函数的形参必须定义为某一结构体类型变量时，应该定义成同类型结构体指针变量，而不应定义成同类型结构体变量。

（3）在编写数据处理方面的应用程序时，常常遇到对"静态"数据和"动态"数据的定义描述问题。

所谓"静态"数据，它在程序运行过程中其长度（或者说占用存储空间）固定不变。对静态数据定义时，一般根据静态数据的类型构造成数组，即用 C 语言的数组定义。例如，定义成整型数组、字符数组、浮点型数组、结构体数组等即可解决。注意利用结构体数组时，由于结构体中的成员可以是指向自身的指针变量，所以可以定义复杂的数据结构。如链表、树、图和网。但链表、树、图和网都是已知的、固定不变的结点个数。

所谓"动态"数据，它在程序运行过程中其长度（或者说占用存储空间）无法确定。在程序运行的某一时间段，可能需要增加数据，而在另一时间段有可能减少数据。显然对动态数据定义时，不可能按某个固定长度（如最大长度）构造数组。如果那样的话，则空间浪费太大。这就要通过结构体指针所实现的结构体递归定义，去描述定义动态数据的结点，再利用 3 个标准函数 malloc、calloc 和 free 来实现数据的随机增加和减少。

3．枚举类型常见错误

枚举元素是枚举常量，它们不是变量。对枚举量赋值是错误的，将一个整数值直接赋给枚举变量也是错误的。

3-8-2 笔试知识重点难点分析

1．选择题

【例题 1】若有以下结构体定义。

```
struct example
{
    int x;
    int y;
}v1;
```

则（　　）是正确的引用或定义。

A．example.x=10;　　　　　　　　B．example v2;　v2.x=10;

C．struct v2；v2.x=10;　　　　　　D．struct example v2={10}

相关知识

结构体定义的相关问题：

结构体定义只是规定出一个新的数据类型，类型的名称为 struct node，不可缺少任何部分。

定义类型不分配存储空间。

　　结构体成员可以是任何一种已定义过的数据类型，例如，简单类型、数组、指针及结构体等。可以在定义类型的同时定义变量。结构体定义之后的分号必不可少。

　　分析：本题考查基本的结构体定义和引用方法。

　　答案：D。

　　【**例题 2**】若有如下说明，则（　　　　）的叙述是正确的（已知 int 类型占两个字节）。

```
truct  st
  {
   int  a;
   int  b[2];
  } a;
```

　　A. 结构体变量 a 与结构体成员 a 同名，定义是非法的

　　B. 程序只在执行到该定义时才为结构体 st 分配存储单元

　　C. 程序运行时为结构体 st 分配 6 字节存储单元

　　D. 类型名 struct st 可以通过 extern 关键字提前引用（即引用在前，说明在后）

　　相关知识

　　结构体引用时的若干问题：

　　（1）每个结构体变量都含有所有的成员，每个成员占用自己的存储空间，结构体变量所占用的存储空间是各变量占用空间之和，可用 sizeof(struct st)或 sizeof(变量名)测定。

　　（2）定义结构体类型后，类型符 struct st 即可以同普通类型符（如 int、float 等）一样用于定义变量、数组等。例如，struct st v1,v2;。

　　（3）结构体定义也有局部和外部之分，引用必须在定义或证明之后，且须注意使用范围。

　　（4）可以定义无结构体名的结构，例如：

```
struct
{
   int  x,y;
}node;
```

　　注意，此种定义的类型符是不能再现的，即只能使用这种类型的变量 node，因为该类型无法再表示出来，自然就不能再作为类型使用。

　　（5）结构体类型数据可以整体使用，其场合主要是：变量间的直接赋值、作函数参数和函数的返回值，这些情况下不必按每个成员操作。结构体的每个分量也可以单独引用，使用"."运算符。例如，v1.x、v1.y 和 v1.a 是 v1 的 3 个成员，"v1."只表明所属关系，不影响 x、y 和 a 的本来意义和使用方法。

　　（6）虽然结构体变量也代表一个"集合"，但与数组不同，结构体变量名只能表示值而不是地址。

　　（7）结构体变量的初始化与数组初始化类似，例如，struct st v2={10,20,{1,3,-1}};也可以做不完全的初始化。

　　分析：本题考查对结构体定义中常见问题的理解。结构体变量 a 与结构体成员 a 同名是合法的定义，引用成员 a 的方法仍是 a.a，变量 a 和成员 a 处于不同的"层次"上，系统完全能够分清，选项 A 判断错误。st 是一个结构体名，无论如何，系统都不会为结构体名分配存储空间，故 B 和 C 错误。应该说，程序运行时为结构体变量 a 分配 6 字节存储单元。

　　答案：D。

【**例题 3**】对于如下的结构体定义，若对变量 person 的出生年份进行赋值，（　　　）是正确的赋值语句。

```
struct  date
  {
    int year,month,day;
  };
struct  worklist
  {
    char name[20];
    char sex;
    struct  date  birthday;
  } person;
```

A．year=1976

B．birthday.year=1976

C．person.birthday.year=1976

D．person.year=1976

相关知识

结构体成员引用。

分析：本题考查嵌套定义的结构体成员的引用。首先，直接使用结构体成员而无所属关系是一种典型错误，系统将认为它是普通变量而非结构体成员。其次，不论结构体嵌套的是几层，只能从最外层开始，逐层用 "." 运算符展开，注意展开时必须使用变量名而不是结构体名。其实，只有这种展开方式才能清楚地说明成员的所属关系。故 C 正确。

答案：C

【**例题 4**】对于下述定义，不正确的叙述是（　　　）。

```
union data
  {
    int i;
    char c;
    float f;
  } a,b;
```

A．变量 a 所占内存的长度等于成员 f 的长度

B．变量 a 的地址和它的各成员地址都是相同的

C．可以在定义时对 a 初始化

D．不能对变量 a 赋值，故 a=b 非法

相关知识

共用体的定义与引用。

如果把结构体定义中的关键字 struct 换成 union，该定义就是共用体，例如：

```
union  un
  {
    int  x;
    float  y;
    char  cx[4];
  };
```

这说明共用体与结构体在定义上的相似性。不仅如此，从写法上看，共用体变量、数组、指针等的定义和引用与结构体完全相同。

共用体与结构体的本质是不同的：一个共用体的所有成员占用同一存储单元而不是各自的存储空间，这就是"共用"的含义。

因为共用体变量的成员共用同一块存储体，因此，如果改变了其中某个成员的值，也相当于修改了其他成员的值。

分析：本题考查有关共用体的基本概念，共用体的另一个名称叫"联合"。

答案：D。

【**例题 5**】在下述枚举定义中，（　　　）是正确的。

A．enum eml{1,one=4,two,8};　　　　　B．enum em2{"NO","Yes"};

C．enum em3{A,D,E+1,K};　　　　　　D．enum em4{my,your=4,his,her=his+10};

相关知识

枚举类型定义中的细节问题。

分析：本题考查枚举定义及对枚举值的理解。事实上，枚举名只是一些正常的 C 语言标识符。选项 A 的定义中混淆了枚举名的整数值和枚举名，1 和 8 都是非法标识符，定义错误。选项 B 中，字符串常量明显不是标识符，定义错误。选项 C 的定义中，E+1 是非法标识符，也是错误的定义形式。

在选项 D 的定义中含有一个特殊的表达式 her=his+10，his+10 用于计算 her 所对应整数值是允许的，这样，my、your、his 和 her 对应的值分别为 0、4、5 和 15。但应注意，在这种类似初始化的表达式中，只能使用常量（直接常量和符号常量均可）和枚举名。例如，下述是错误的枚举定义，因为其中的 x 是变量。

```
int x=3;
enum incorrect {name1,name2,name3=x+2,name4};
```

答案：D。

2．填空题

【**例题 6**】下述程序实现了一个时、分、秒有正常进位的简易时钟。程序运行时，在屏幕左上角显示时间，且每秒更新一次。程序中用到的库函数功能说明如下：

gotoxy(x,y)：定义于 conio.h，功能是将光标定位于(x,y)点。

sleep(s)：定义于 dos.h，功能是暂停 s 秒。

请填空。

```
#include <stdio.h>
#include <conio.h>
#include <dos.h>
struct TIME
{
  int hour,minute,second;
};
struct TIME update()
{
   __(1)__ struct TIME systime;
  systime.second ++;
 if(systime.second==60)
  systime.second=0,systime.minute++;
 if(systime.minute==60)
  systime.minute=0,systime.hour++;
 if(systime.hour==24)systime.hour=0;
  sleep(1);
 return __(2)__ ;
}
```

```
void display(____(3)____ t)
{
  printf(" <%02d:%02d:%02d> ",t.hour,t.minute,t.second);
}
void main()
{ while(1)
  {
    gotoxy(30,10);
    display(____(4)____);
  }
}
```

相关知识

共用体类型的应用。

分析：本题考查结构体变量在函数间的传送方法及变量存储属性对其使用上的影响。阅读程序可以了解到，该程序循环显示时间，每次循环暂停 1s，并进行时间计算，包括进位计算。函数 update 实现时间的变化，函数 display 负责显示时间。由于 update 返回一个结构体变量，其值必然是变化后的时间，且此函数中只有一个结构体变量 systime，故（2）必填入 systime。

空白（1）说明了一个编程中应特别注意的问题。显然，（1）处只能填一个修饰用的关键字 auto 或 static，而 auto 是可省略的，所以，必然是 static。此处必须使用静态变量的原因是如果填入 auto 或空白，则自动变量 systime 的空间将随着函数调用结束而释放，函数 update 带回的值就必然出错。从程序测试角度看，通常只有基本类型（如 int、float 等）的自动变量的值可以由函数返回而不至于产生错误，自动类型的数组、结构体及共用体则是不可带回的。

在 display 函数中，从输出变量的形式容易判断，（3）应填入 t 的类型说明 struct TIME。由于 display 是显示由函数 update 更新后的时间，故应在（4）中填入 update()。

答案：（1）static；（2）systime；（3）struct TIME；（4）update()。

【例题 7】下述程序实现对两数 x 和 y 的判定，若 0≤x<y≤100，则计算并输出，否则打印出错信息并继续读数，直到输入正确。请填空。

```
#include <stdio.h>
enum ErrorData{Right,Lesson,Great100,MinMaxErr};
char *ErrorMessage[]={"Enter Data Right","Data<0 Error",
                      "Data >100 Error","x>y Error"};
int error(int min,int max)
{
  if(max<min)
  return MinMaxErr;
  if(max>100)
  return Great100;
  if(min<0)
  return Lesson;
  return ____(1)____;
}
void main()
{
  int status,x,y;
  do
  {
    printf("Please Enter two number (x,y)");
```

```
    scanf("%d%d",&x,&y);
    status=___(2)___;
    printf(ErrorMessage[___(3)___]);
    printf("\n");
    }while(status!=Right);
    printf("Result=%d",x*x+y*y);
}
```

相关知识

- 枚举数据类型的使用。
- 指针数组。

分析：程序中的 enum ErrorData 定义了各类出错情况，为了输出相应的信息，又定义了描述错误信息的字符数组 ErrorMessage。函数 error 显然是判断 x 和 y 是否符合题目要求的条件的，代码中包含了 3 种不满足条件的情况，只有条件满足的情况缺少，故（1）应填入 Right。main 函数通过循环输入变量 x 和 y 的值，然后应查看其对应的情况，故（2）应填入 error(x,y)。判断后，程序输出正确与否的信息，（3）处应填入 status。

答案：（1）Right；（2）error(x,y)；（3）status。

3-9　文　件　辅　导

3-9-1　常见问题及易犯的错误

1．文件说明方面的问题与错误

（1）用小写 file 说明文件型指针 fp，（即有 file *p）。

FILE 是由系统用 typedef 语句定义的新类型名。称为文件类型。而 file 既不是类型指示符，也不是用 typedef 语句定义的新类型名，也不是用#define 定义的符号常量，所以此时大小写 file 是有区别的。

用 FILE 说明文件指针变量 fp 时丢掉*号而编译时仍然正确通过。

FILE fp 与 FILE *fp 语法上都是对的，但有本质区别。前者把 fp 看成结构体变量，后者把 fp 看成结构体指针变量（又称文件型指针变量）。

（2）忽略文件型指针变量的作用域。

在某一函数体内定义说明文件型指针变量 fp，而在另一函数内使用。文件型指针变量也分局部和全局的说明形式，应根据文件型指针变量实际使用范围来选择说明形式。

2．文件打开关闭方面的错误

（1）以"r"、"rb"、" r+"、"r+b"方式打开一个并不存在的文件。

这个错误是初学者常犯的错误。但要注意区别以"w"、"wb"、"w+"、"w+b"方式打开一个不存在的文件是允许的。当立即关闭该文件时，相当于在磁盘上建立一个空文件（即只有文件名称，无数据内容）。常用这种办法来初始化文件。

（2）忽略检查打开文件的正确性。

造成当打开文件出错时，仍对该文件进行"访问"。一般强调每调用一次 fopen 函数，都要检查是否出错。即用如下语句格式：

```
if((文件指针=fopen(文件名,文件操作方式))==NULL)
```

```
{
    printf("不能打开文件");
    exit(0);
}
```

（3）在结束程序运行（或退出函数体）前，忘记（或忽略）关闭所有使用的文件。

这样做的后果是可能丢失有用的文件数据。因为对缓冲文件系统来说，系统自动为文件开辟了内存缓冲区。程序是通过缓冲区与磁盘文件打交道。例如，向文件写数据，先将数据传送到缓冲区，待缓冲区充满后才正式输出给文件。如果数据未充满缓冲区，而结束程序运行，就会将缓冲区中的数据丢失。

3．文件 I/O 函数使用方面的错误

（1）当文件位置指针已指向文件结束时，还想读文件，造成运行错误。程序中应判断文件结束标志 EOF。

（2）ftell 返回值赋给 int 定义的变量。或者是用 printf 输出时，也当作一般整型值输出（即没有用%ld）。ftell 的返回值是长整型量。尽管有时所处理的文件是小文件（如 512 个字符的文件），显然文件的位置指针的最大值不超过 512。但依然要作为长整型数来对待。

3-9-2　笔试知识重点难点分析

1．选择题

【例题 1】下述关于 C 语言文件操作的结论中，（　　　）是正确的。

A．对文件操作必须先关闭文件

B．对文件操作必须先打开文件

C．对文件操作顺序无要求

D．对文件操作前必须先测试文件是否存在，然后再打开文件

相关知识

1）文件的概念

在 C 语言中通常采用缓冲型文件系统处理文件，其文件内容由字符序列而不是记录组成，一般称为流式文件。

2）两类文件读写方式

C 文件中有文本和二进制两种读写方式，二进制方式将内存中的数据完全对应地写入文件（反之读出），而文本方式则有转换，主要应注意字符'\n'在写入文件时被转换为两个字符'\r'和'\n'。

3）文件的顺序操作

（1）文件的打开。

① 文件必须通过文件指针来引用，因此，需要先定义文件指针，例如：

`FILE  *fp;`

② 打开文件的一般格式为：

`fp=fopen(文件名,操作方式);`

其中，文件名可以是路径名，如 C:\C\EX.C，注意其中的'\'字符。在顺序操作时，操作方式字符串中可包含读写控制和读写方式两类字符。读写控制字符包括 r：只读，w：只写，a：追加。读写方式字符包括 t：文本方式，b：二进制方式。这两类字符可以直接组合或用"+"号组合，如"rt"、"r+t"、"wb"、"a+b"等。若操作方式中只有读写控制字符如"r"、"w"或"a"，通常意

义是文本方式。

注意上述字符都是小写字母，不能使用大写字母。

（2）文件关闭。

文件使用后必须关闭，以防数据丢失和损坏，一般格式：

```
fclose(fp);
```

关闭后，文件指针 fp 已不再代表原来打开的文件。

分析：本例考查文件操作的一般规则。对文件进行读写操作之前必须先打开文件，打开文件意味着将文件与一个指针相连，然后才能通过该指针操作文件。通过打开文件也可以测试文件是否存在，例如，若文件不存在，打开此文件时文件指针的值为 0。况且，若为新创建的文件而执行打开操作时，原文件根本不存在，此时更不必测试文件是否存在。总之，文件操作前并不是必须先测试文件是否存在，然后再打开文件。

答案：B。

【例题 2】C 语言中系统的标准输入文件是指（　　　）。

A．键盘　　　　　　B．显示器　　　　　　C．软盘　　　　　　D．硬盘

相关知识

标准设备文件。

分析：本例考查有关标准设备的知识。多数 C 语言版本中，stdio.h 文件至少定义了 4 种标准设备文件指针，可以直接引用而不必执行打开操作，包括：

标准输入文件指针 stdin，默认为键盘；

标准输出文件指针 stdout，默认为显示器；

标准错误输出文件指针 stderr，默认为显示器；

标准打印输出文件指针 stdprn，指打印机。

此外，还可能包括如辅助设备等标准文件指针，目前多数文件指针可以被重新定向到其他设备。

答案：A。

2. 填空题

【例题 3】下述程序用于统计文件中的字符个数，请填空。

```c
#include <stdio.h>
void main()
{
  FILE *fp;
  long num=0;
  if((fp=fopen("data.txt","rt"))==NULL)
  {
     printf("Can't open file.");
     return;
  }
  while(____(1)____)
     num++;
     ____(2)____;
  printf("num=%ld",num);
}
```

相关知识

文件操作。

分析：本例考查文件的基本操作。由于该程序统计文件中的字符个数，必然需要循环读出每个字符，且还要从空白处终止循环。尽管每个从文件读数据的函数都可以读出一个字符，但不借助变量又能够读出一个字符的函数只有 fgetc 函数，故（1）处应填入 fgetc(fp)!=EOF。（2）处填入 fclose(fp)的目的是关闭文件。应该充分认识到打开文件操作后，需要关闭文件。这是一个重要的步骤，因为在程序将数据写入文件时，通常数据并没有真正地保存到磁盘上，只有在缓冲区满或程序发出清刷文件缓冲区命令或关闭文件时，这些存放在缓冲区中的数据才会被记录到磁盘。因此，关闭文件可以防止数据丢失或损坏。

答案：（1）fgetc(fp)!=EOF；（2）fclose(fp)。

3-10 编译预处理辅导

3-10-1 常见问题及易犯的错误分析

如果不是特殊需要，预处理语句的结尾不应有分号，如果有分号，则将连同分号一起替换，但可能导致错误，例如：

```
#define G 9.8;
f=m*G;
```

经宏展开后，该语句为：

```
f=m*9.8;;
```

出现了两个分号，编译时将出错。

3-10-2 笔试知识重点难点分析

1. 选择题

【例题 1】在宏定义#define PI   3.1415926 中，用宏名 PI 代替一个（   ）。

A. 单精度数   B. 双精度数

C. 常量   D. 字符串

相关知识

（1）编译预处理命令。

这是指 C 语言中用"#"定义的部分，本质上不是 C 语言语句。它们在程序正式编译之前被自动转换成 C 语句，故称预处理命令。通常，使用最广泛的命令包括宏定义、文件包含和条件编译。

（2）宏定义。也称宏替换，基本形式有两种：

```
#define   宏名   宏体
#define   宏名(参数名表)宏体
```

其中，前一种定义形式中的宏体可以没有，后一种定义形式被称为带参数的宏。

在程序中使用宏替换时，至关重要的问题是理解宏名只被原样替换成宏体，并不计算和求值。

分析：本例考查对宏定义内涵的理解。因为 3.141 592 6 作为浮点数来看是常量，必然是双精度的，可见 A 一定错误。虽然本题中 B、C 选项都有些接近答案，但就系统本身来说，宏体部分只是作为字符串看待，在预处理时原样替换，故 D 正确。

答案：D。

【例题 2】下面是对宏定义的描述，不正确的是（   ）。

A. 宏不存在类型问题，宏名无类型，它的参数也无类型

B. 宏替换不占用运行时间

C. 宏替换时先求出实参表达式的值，然后把值赋给形参运算求值

D. 宏替换只是字符替代

相关知识

宏定义：也称宏替换。

宏定义的一般知识：

关于宏替换，读者应了解如下一些细节：

（1）宏替换本质上是字符替代，因此，几乎可以将任何代码（如名称、关键字、运算符及语句等）作为宏体。

（2）宏定义的位置是自由的，但引用必须在定义之后。

（3）可以取消一个已定义的宏，格式为：

`#undef　宏名`

（4）宏的参数不是定义变量，不会被分配空间。

（5）标识符的一部分宏名及字符串中的宏名不会被替换（也有某些编译系统进行替换）。

分析：本例涉及宏替换的基本概念及与函数的简单比较，题目中的选项也的确是需要了解的一般知识。

答案：C。

2. 填空题

【例题 3】下述程序的功能是计算数组中的最大元素，请填空。

```c
#include <stdio.h>
#define N 10
void main()
{
  int a[N];
  int max,i;
  #if N<=10
  for(i=0;i<N;i++)
    a[i]=10+i;
  #else
    for(i=0;___(1)___;i++)
      scanf("%d",a+i);
  ____(2)____;
  max=___(3)___;
  for(i=1;i<N;i++)
    if(___(4)___)
      max=a[i];
  printf("Max=%d",max);
  printf("\n");
}
```

相关知识

条件编译。

分析：本例考查条件编译命令的使用和程序阅读能力。很明显，N 的值决定了数组 a 的元素值的来源，这正是条件编译的两个部分，故（2）应填入 #endif。输入数组恰好是一个循环，（1）应为

i<N 或 i<=N-1。变量 max 用于存放最大值，程序的思路是循环将数组各元素（从 a[1]开始）与 max 比较，然后按条件更新 max 的值，所以，（3）用于为 max 赋初值：max=a[0]，（4）则是条件：max<a[i]。

答案：（1）i<N、（2）#endif、（3）a[0]、（4）max<a[i]。

3-11 位运算辅导

3-11-1 常见错误分析

（1）初学者容易将运算符&与运算符&&混淆。

对于运算符&&，当两边操作数为非 0 值时，表达式的运算结果为 1；但对于运算符&，则需要对每位进行与运算。

（2）初学者容易将运算符|与运算符||混淆。

对于运算符||，当两边操作数为非 0 值时，表达式的运算结果为 0；但对于运算符|，则需要对每位进行或运算。

（3）初学者容易误解的问题是 a<<1 运算使 a 值乘 2，其实 a 并不变化。如果不进行修改一个变量存储空间内的值的操作（如赋值），变量的值是不可能改变的。

（4）位域操作常见错误有：定义的位段长度超过了一个字长；上机时没有搞清楚机器硬件对位段分配的方向，如有的机器上位段分配由低位向高位存放，有的机器则是由高位向低位存放；定义位段时，没有将位段说明成无符号整数；对位段做"&"取地址操作；让指针变量指向位段；位段二数值超出了表示范围等。

3-11-2 笔试知识重点难点分析

1. 选择题

【例题 1】下述程序的输出结果是（　　　）。

```c
#include <stdio.h>
 void main()
 {
  char  a=3,b=6;
  char c=a∧b<<2;
  printf("%d",c);
 }
```

A. 27　　　　　　　　B. 10　　　　　　　　C. 20　　　　　　　　D. 28

相关知识

（1）>>和<<运算：这是按位右移和左移运算，往右移 1 位和左移 1 位的结果分别相当于除以 2 取整和乘 2 运算，但它们比直接进行乘除运算的速度更快。

（2）∧运算：此为异或运算，规则是两个对应的二进制位不同时值为 1，否则为 0。

（3）位运算的优先次序：按位运算符的优先级别可以大致区分为：求反运算（单目）、位移运算和其他运算，很明显，左移和右移运算的优先级应是等同的。在除了求反和位移之外的其他运算中，从逻辑运算可以推算&高于|，特殊的是∧运算处于两者之间。总体上的优先级次序为 ~，<<，>>，&，∧，|。

分析：本例中的关键是运算符的优先次序问题。因为<<运算优先于∧运算，故

c=a(b<∧<2)==27。

选项 C 将表达式看做 c=(a∧b)<<2 的计算结果。选项 B 只将表达式（a∧b）乘 2。

答案：A。

【例题 2】以下程序的输出结果是（　　　）。

```
#include <stdio.h>
 void main()
 {
   char  x=112,y=211;
   printf("\n%d",x<<1|y>>1);
 }
```

A. 233　　　　　　B. 0　　　　　　　C. -32768　　　　　D. -22

相关知识

（1）| 运算

此为按位或运算，只有对应的二进制位的值都是 0 时结果为 0，否则为 1。

（2）定点数的补码存储

分析：先进行二进制形式计算：x=$(01110000)_2$，y=$(11010011)_2$，

于是，x<<1=$(11100000)_2$，y>>1=$(01101001)_2$，

计算 x<<1|y>>1 的值，得$(11101001)_2$。

$(11101001)_2$=233

答案：A

【例题 3】若定义：

```
unsigned a=31003,b=21103;
```

则表达式 a∧b∧b 的值为（　　　）。

A. 1　　　　　　B. 31003　　　　　C. 21103　　　　　　D. 0

相关知识

∧运算的特殊性。

运算 0∧0=0，1∧0=1，可知对任意的整数 x，有 x∧0=x。又因为 x 与 x 本身一定相同，故 x∧x=0。

分析：由于本题中所给数据较大，不应立即进行计算。根据∧运算的特点，知表达式 a∧b∧b=a∧(b∧b)=a∧0=a。

答案：B。

2．填空题

【例题 4】整型变量 x 和 y 的值相等，且为非 0 值，则结果为 0 的表达式是_____。

相关知识

各种位运算。

分析：值相同的整型变量，其对应二进制位也必然相同。但它们可能为 0 或 1，故它们的按位与、按位或运算的结果值，就不一定各位都是 0，而其最后结果也就未必是 0。

值相同的整型变量的按位异或运算，其中间结果与最后结果都是 0。

答案：x∧y。

第 4 章 二级 C 语言等级考试模拟试题精选

4-1 笔试模拟试题及参考答案

注意： 笔试模拟试题只涉及 C 语言程序设计部分内容。

4-1-1 笔试模拟试题一

一、选择题（1～40 题每题 1 分，41～50 题每题 2 分，共 60 分）

下列各题 A、B、C、D 4 个选项中，只有一个选项是正确的，请将正确选项写在括号内。

1. 以下叙述中错误的是（　　）。

   A. C 语言的可执行程序是由一系列机器指令构成的

   B. 用 C 语言编写的源程序不能直接在计算机上运行

   C. 通过编译得到的二进制目标程序需要连接才可以运行

   D. 在没有安装 C 语言集成开发环境的机器上不能运行 C 源程序生成的 .exe 文件

2. 计算机高级语言程序的运行方法有编译执行和解释执行两种，以下叙述中正确的是（　　）。

   A. C 语言程序仅可以编译执行　　　　　　　　B. C 语言程序仅可以解释执行

   C. C 语言程序既可以编译执行又可以解释执行　　D. 以上说法都不对

3. 以下选项中不能用作 C 程序合法常量的是（　　）。

   A. 1,234　　　　　　B. '123'　　　　　　C. 123　　　　　　D. "\x7G"

4. 以下选项中可用作 C 程序合法实数的是（　　）。

   A. .1e0　　　　　　B. 3.0e0.2　　　　　C. E9　　　　　　D. 9.12E

5. 若有定义语句：int a=3,b=2,c=1;，以下选项中错误的赋值表达式是（　　）。

   A. a=(b=4)=3;　　　B. a=b=c+1;　　　C. a=(b=4)+c;　　　D. a=1+(b=c=4);

6. 以下程序的输出结果是（　　）。
   ```c
   #include <stdio.h>
   void main()
   {
     int a=5;
     float x=3.14;
     a*=x*('E' - 'A');
     printf("%f\n",(float)a);
   }
   ```
   A. 62.000000　　　　B. 62.800000　　　　C. 63.000000　　　　D. 62

7. 设有说明 double(*p1)[N];其中标识符 p1 是（　　）。

   A. N 个指向 double 型变量的指针

B. 指向 N 个 double 型变量的函数指针

C. 一个指向由 N 个 double 型元素组成的一维数组的指针

D. 具有 N 个指针元素的一维指针数组，每个元素都只能指向 double 型量

8. 在 C 程序中有如下语句：char *func(int x,int y); 它是（　　　）。

   A. 对函数 func 的定义　　　　　　　　B. 对函数 func 的调用

   C. 对函数 func 的原型说明　　　　　　D. 不合法的

9. 以下程序的输出结果是（　　　）。

```
char str[15]="hello!";
printf("%d\n",strlen(str));
```

   A. 15　　　　　　　B. 14　　　　　　　C. 7　　　　　　　D. 6

10. 运行下面的程序，输出结果是（　　　）。

```
#include <stdio.h>
void main()
{
    int  a=5,b=-1,c;
    c=adds(a,b);
    printf("%d",c);
    c=adds(a,b);
    printf("%d\n",c);
}
int adds(int x,int y)
{
    static int m=0,n=3;
    n*=++m;
    m=n%x+y++;
    return(m);
}
```

   A. 2,3　　　　　　　B. 2,2　　　　　　　C. 3,2　　　　　　　D. 2,4

11. 以下不能定义为用户标识符的是（　　　）。

   A. Main　　　　　　B. _0　　　　　　　C. _int　　　　　　D. sizeof

12. 若有定义和语句：

```
int **pp,*p,a=10,b=20;
pp=&p;p=&a;p=&b;
printf("%d\n",*p,**pp);
```

则输出结果是（　　　）。

   A. 10,20　　　　　　B. 10,10　　　　　　C. 20,10　　　　　　D. 20,20

13. 以下叙述中正确的是（　　　）。

   A. 用 C 程序实现的算法必须要有输入和输出操作

   B. 用 C 程序实现的算法可以没有输出但必须要有输入

   C. 用 C 程序实现的算法可以没有输入但必须要有输出

   D. 用 C 程序实现的算法可以既没有输入也没有输出

14. 下列说法正确的是（　　　）。

   A. C 程序必须在开头用预处理命令#include <stdio.h>

B. 预处理命令必须位于 C 源程序的首部

C. 在 C 语言中，预处理命令都以"#"开头

D. C 语言的预处理命令只能实现宏定义和条件编译的功能

15. 设 a=1，b=2，c=3，d=4，则表达式：a<b?a:c<d?a:d 的结果是（　　　）。

A. 4   B. 3   C. 2   D. 1

16. 设有如下的变量定义：

```
int i=8,k,a,b;
unsinged long w=5
double x=1,42,y=5.2
```

则以下符合 C 语言语法的表达式是（　　　）。

A. a+=a-=(b=4)*(a=3)   B. x%(-3);

C. a=a*3=2   D. y=float（i）

17. 在执行以下程序时

```
#include <stdio.h>
void main()
{
    char ch;
    while((ch=getchar( ))!='\n')
    {
        if(ch>='A' && ch<='Z')ch=ch+32;
        else if(ch>='a' && ch<='z')ch=ch-32;
        printf("%c",ch);
    }
    printf("\n");
}
```

如果从键盘上输入：ABCdef<回车>，则输出是（　　　）。

A. ABCdef   B. abcDEF   C. abc   D. DEF

18. 有以下程序

```
#include <stdio.h>
void main()
{
    int m,n,p;
    scanf("m=%dn=%dp=%d",&m,&n,&p);
    printf("%d%d%d\n",m,n,p);
}
```

若想从键盘上输入数据，使变量 m 中的值为 123，n 中的值为 456，p 中的值为 789，则正确的输入是（　　　）。

A. m=123n=456p=789   B. m=123　n=456　p=789

C. m=123,n=456,p=789   D. 123　　456　　789

19. 若 x 为 int 型变量，y 是 float 型变量，所调用输入语句格式为

scanf("x=%d,y=%f",&x,&y)，为使 x=20，y=166.6，正确的输入是（　　　）。

A. x=20,y=166.6 <回车>   B. 20,166.6 <回车>

C. 20 <回车> 166 <回车>   D. 20 166.6 <回车>

20. 若有以下定义和语句

```
char c1='b',c2='e';
printf("%d,%c\n",c2-c1,c2-'a'+"A");
```

则输出结果是（　　）。

A. 2,M　　　　　　　　B. 3,E　　　　　　　　C. 2,E

D. 输出项与对应的格式控制不一致，输出结果不确定

21. 运行下面的程序，输出结果是（　　）。

```
#include <stdio.h>
void main()
{
    int a,b;
    for (a=1,b=1;a<=100;a++)
    {
        if( b>=20) break;
        if(b%3==1)
        {
            b+=3;
            continue;
        }
        b-=5;
    }
     printf("%d\n", a);
}
```

A. 7　　　　　　　　B. 8　　　　　　　　C. 9　　　　　　　　D. 10

22. 运行下面的程序，输出结果是（　　）。

```
#include <stdio.h>
void main()
{
    int a,b;
    a=1;
    b=10;
    do
    {
        b-=a;
        a++;
    }
    while (b--<0);
    printf("%d\n",b);
}
```

A. 9　　　　　　　　B. -2　　　　　　　　C. -1　　　　　　　　D. 8

23. 执行下面程序段后，s 的值是（　　）。

```
static char ch[]="600";
int a,s=0;
for(a=0;ch[a]>='0'&&ch[a]<='9';a++)
    s=10*s+ch[a]-'0';
```

A. 出错　　　　　　　B. 600　　　　　　　C. 0　　　　　　　D. 6

24. 运行下面的程序，输出结果是（　　　　）。
```
#include <stdio.h>
void main()
{
    int m=12,n=34;
    printf("%d%d",m++,++n);
    printf("%d%d\n",n++,++m);
}
```
A. 12 353 514　　　　B. 12353 513　　　　C. 12 343 514　　　　D. 12 343 513

25. 假定所有变量均已正确说明，下列程序段运行后 x 的值是（　　　　）。
```
a=b=c=0;x=35;
if(!a)x--;
else if(b);if(c)x=3;
else x=4;
```
A. 34　　　　B. 4　　　　C. 35　　　　D. 3

26. 设 x 和 y 均为 int 型变量，则执行下面的循环后，y 的值是（　　　　）。
```
for(y=1,x=1;y<=50;y++)
{
    if(x=10))break;
    if (x%2==1)
        { x+=5;continue;}
    x-=3;
}
```
A. 2　　　　B. 4　　　　C. 6　　　　D. 8

27. 定义如下变量和数组：
```
int i;
int x[3][3]={1,2,3,4,5,6,7,8,9};
```
则下面语句的输出结果是（　　　　）。
```
for(i=0;i<3;i++) printf("%d",x[i][2-1]);
```
A. 1 5 9　　　　B. 1 4 7　　　　C. 3 5 7　　　　D. 3 6 9

28. 若有以下说明：
```
int a[12]={1,2,3,4,5,6,7,8,9,10,11,12};
char c='a',d,g;
```
则数值为 4 的表达式是（　　　　）。
A. a[g-c]　　　　B. a[4]　　　　C. a['d'-'c']　　　　D. a['d'-c]

29. 执行语句：for(i=1;i++<4;)后，变量 i 的值是（　　　　）。
A. 3　　　　B. 4　　　　C. 5　　　　D. 不定

30. 运行下面的程序，输出结果是（　　　　）。
```
#include <stdio.h>
void main()
{
    int a,b,d=25;
    a=d/10%9;
    b=a&&(-1);
    printf("%d,%d\n",a,b);
}
```

A. 6,1　　　　　B. 2,1　　　　　C. 6,0　　　　　D. 2,0

31. 设有如下定义：

```
int arr[]={6,7,8,9,10};
int *ptr;
```

则下列程序段的输出结果是（　　　）。

```
ptr=arr;
*(ptr+2)+=2;
printf ("%d,%d\n",*ptr,*(ptr+2));
```

A. 8,10　　　　B. 6,8　　　　　C. 7,9　　　　　D. 6,10

32. 运行下面的程序，输出结果是（　　　）。

```
#include <stdio.h>
void main()
{
  char*p1,*p2,str[50]="xyz";
  p1="abcd";
  p2="ABCD";
  strcpy(str+2,strcat(p1+2,p2+1));
  printf("%s",str);
}
```

A. xyabcAB　　　B. abcABz　　　C. ABabcz　　　D. xycdBCD

33. 运行下面的程序，输出结果是（　　　）。

```
#include <stdio.h>
#define SQR(X) X*X
void main()
{
  int a=10,k=2,m=1;
  a/=SQR(k+m)/SQR(k+m);
  printf("%d\n",a);
}
```

A. 10　　　　　B. 1　　　　　　C. 9　　　　　　D. 0

34. 执行以下程序段后，m 的值是（　　　）。

```
int a[2][3]={ {1,2,3},{4,5,6} };
int m,*p;
p=&a[0][0];
m=(*p)*(*(p+2))*(*(p+4));
```

A. 15　　　　　B. 14　　　　　C. 13　　　　　D. 12

35. 运行下面的程序，输出结果是（　　　）。

```
#include <stdio.h>
void main()
{
  int a[5]={2,4,6,8,10},*p,**k;
  p=a;
  k=&p;
  printf("%d",*(p++));
  printf("%d\n",**k);
}
```

A. 44　　　　　B. 22　　　　　C. 24　　　　　D. 46

36. 在以下运算符中，优先级最高的运算符是（　　　）。

    A. <=　　　　　　　B. =　　　　　　　　C. %　　　　　　　　D. &&

37. 运行下面的程序，输出结果是（　　　）。

```c
#include <stdio.h>
void main()
{
  int n[3],i,j,k;
  for(i=0;i<3;i++)
    n[i]=0;
    k=2;
  for (i=0;i<k;i++)
  for (j=0;j<k;j++)
    n[j]=n[i]+1;
    printf("%d\n",n[1]);
}
```

    A. 2　　　　　　　　B. 1　　　　　　　　C. 0　　　　　　　　D. 3

38. 运行下面的程序，输出结果是（　　　）。

```c
#include <stdio.h>
void main()
{
    union
    {
        int i[2];
        char c[4];
    }r,*s=&r;
    s->i[0]=0x39;
    s->i[1]=0x38;
    printf("%c\n",s->c[0]);
}
```

    A. 39　　　　　　　B. 9　　　　　　　　C. 38　　　　　　　　D. 8

39. 运行下面的程序，输出结果是（　　　）。

```c
#include <stdio.h>
void main()
{
  static char a[]="ABCDEFGH",b[]="abCDefGh";
  char *p1,*p2;
  int k;
  p1=a; p2=b;
  for(k=0;k<7;k++)
  if (*(p1+k)==*(p2+k))
  printf("%c",*(p1+k));
  printf("\n");
}
```

    A. ABCDEFG　　　B. CDG　　　　　　　C. abcdefgh　　　　　D. abCDefGh

40. 以下对 C 语言函数的有关描述中，正确的是（　　　）。

    A. 调用函数时，只能把实参的值传送给形参，形参的值不能传送给实参

    B. C 函数既可以嵌套定义又可以递归调用

C. 函数必须有返回值，否则不能使用函数

D. C 程序中有调用关系的所有函数必须放在同一个源程序文件中

41. 运行下面的程序，输出结果是 (   )。
```c
#include <stdio.h>
void main()
{
  int i;
  int x[3][3]={1,2,3,4,5,6,7,8,9};
  for(i=0;i<3;i++)
  printf("%d ",x[i][2-i]);
}
```
    A. 1 4 7   B. 1 5 9   C. 3 5 7   D. 3 6 9

42. 运行下面的程序，输出结果是 (   )。
```c
#include <stdio.h>
int d=1;
fun(int p)
{
  int d=5;
  d+=p++;
  printf("%d",d);
}
void main()
{
  int a=3;
  fun(a);
  d+=a++;
  printf("%d\n",d);
}
```
    A. 84   B. 99   C. 95   D. 44

43. 设有以下定义：
```c
typedef union
{
  long i;int k[5];char c;}DATE;
  struct date
{
  int cat;DATE cow;double dog;}too;
DATE max;
```
则下列语句的执行结果是 (   )。
```c
printf("%d",sizeof(struct date)+sizeof(max));
```
    A. 25   B. 30   C. 18   D. 8

44. 运行下面的程序，输出结果是 (   )。
```c
#include <stdio.h>
void main()
{
  int a[]={2,4,6,8,10};
  int y=1,x,*p;
  p=&a[1];
```

```
for(x=0;x<3;x++)
    y+=*(p+x);
    printf("%d\n",y);
}
```

A. 17   B. 18   C. 19   D. 20

45. 运行下面的程序，输出结果是（   ）。
```
#include <stdio.h>
fut(int **s,int p[2][3])
{
    **s=p[1][1];
}
void main()
{
    int a[2][3]={1,3,5,7,9,11},*p;
    p=(int *)malloc(sizeof(int));
    fut(&p,a);
    printf("%d\n",*p);
}
```

A. 1   B. 7   C. 9   D. 11

46. 运行下面的程序，输出结果是（   ）。
```
#include <stdio.h>
void main()
{
    int  x,i;
    for(i=1;i<=50;i++)
        {
            x=i;
            if(++x%2==0)
                if(x%3==0)
                    if(x%7==0)
                        printf("%d",i);
        }
}
```

A. 28   B. 27   C. 42   D. 41

47. 运行下面的程序，输出结果是（   ）。
```
#include <stdio.h>
void swap1(int c[])
{
    intt;
    t=c[0];c[0]=c[1];c[1]=t;
}
void swap2(int c0,int cl)
{
    int t;
    t=c0;c0=cl;cl=t;
}
void main()
{
```

```
    int a[2]={3,5},b[2]=3,5};
    swap1(a);swap2(b[0],b[1]);
    printf("%d %d %d\n",a[0],a[1],b[0],b[1]);
}
```

  A. 5 3 5 3   B. 3 5 3 5   C. 3 5 5 3   D. 5 3 3 5

48. 运行下面的程序, 输出结果是 (　　　)。

```
#include <stdio.h>
void main()
{
  char ch[2][5]={"6934","8254"},*p[2];
  int i,j,s=0;
  for(i=0;i<2;i++)
    p[i]=ch[i];
      for(i=0;i<2;i++)
        for(j=0;p[i][j]>'\0'&&p[i][j]<='9';j+=2)
          s=10*s+p[i][j]-'0';
          printf("%d\n",s);
}
```

  A. 6385   B. 69825   C. 63825   D. 693825

49. 运行下面的程序, 输出结果是 (　　　)。

```
#include <stdio.h>
void main()
{
  int x=10;int y=x++;
  printf("%d,%d",(x++,y),y++);
}
```

  A. 11,10   B. 11,1   C. 10,10   D. 10,11

50. 运行下面的程序, 输出结果是 (　　　)。

```
#include <stdio.h>
#include <ctype.h>
space (char *str)
{
  int i,t;char ts[81];
  for(i=0,t=0;str[i]!='\0';i+=2)
    if(! isspace(*str+i)&&(*(str+i)!='a'))
      ts[t++]=toupper(str[i]);
      ts[t]='\0';
      strcpy(str,ts);
}
void main()
{
  char s[81]={"a b c d e f g"};
  space(s);
  puts(s);
}
```

  A. abcdeg   B. bcde   C. ABCDE   D. BCDEFG

二、填空题（每空 4 分，共 40 分）

请将每空的正确答案写在横线上。

1. 在对文件进行操作的过程中，若要求文件的位置回到开头，应当调用的函数是_____（1）
函数。

2. 若有以下定义和语句，则 sizeof(a) 的值是_____（2）_____，而 sizeof(b) 的值是_____（3）_____。

```
struct
{
  int day;
  char mouth;
  int year;
}a;*b;
b=&a;
```

3. 以下程序片段的循环次数是_____（4）_____，输出结果是_____（5）_____。

```
int x=0,y=0;
do
{
  y++
  x*=x;
}
while(x>0&&y>5);
printf("y=%d,x=%d",y,x);
```

4. 以下函数用来在 w 数组中插入 x，w 数组中的数已按由小到大顺序存放，n 为存储单元中
存放数组中数据的个数。插入后数组中的数仍有序，请填空。

```
void fun (char *w,char x,int *n)
{
  int i,p;
  p=0;
  w[*n]=x;
  while (x>w[p])    (6)   ;
  for(i=*n;i>p;i- -)w[i]=    (7)   ;
  w[p]=x;
  + + *n;
}
```

5. 以下程序的功能是：从键盘上输入一个字符串，把该字符串中的小写字母转换为大写字母，
输出到文件 text.txt 中，然后从该文件读出字符串并显示出来。请填空。

```
#include <stdio.h>
void main()
{
  FILE *fp;
  char str[100]; int i=0;
  if((fp=fopen("text.txt",    (8)   ))==NULL)
  {
  printf("can't open this file.\n");
  exit(0);
  }
  printf("input astring:\n");
  gets(str);
  while (str[i])
  {
```

```
    if(str[i]>='a'&&str[i]<='z')
    str[i]=____(9)____;
    fputc(str[i],fp);
    i++;
    }
    fclose(fp);
    fp=fopen("text.txt",____(10)____);
    fgets(str,100,fp);
    printf("%s\n",str);
    fclose(fp);
}
```

4-1-2　笔试模拟试题一参考答案

一、选择题

1. D　2. A　3. A　4. A　5. A　6. A　7. C　8. C　9. D

10. A　11. D　12. D　13. C　14. C　15. D　16. A　17. B　18. A

19. B　20. B　21. A　22. D　23. A　24. A　25. B　26. C　27. C

28. D　29. C　30. B　31. A　32. A　33. A　34. A　35. C　36. C

37. C　38. B　39. B　40. A　41. A　42. A　43. B　44. C　45. A

46. D　47. A　48. A　49. A　50. D

二、填空题

1.（1）rewind 或 fseek

2.（2）5　　（3）2

3.（4）1

　（5）y=1, x=0

4.（6）p++

　（7）w[i−1]

5.（8）"w"

　（9）str[i]−32

　（10）"r"

4-1-3　笔试模拟试题二

一、选择题（1～40 题每题 1 分，41～50 题每题 2 分，共 60 分）

下列各题 A、B、C、D 4 个选项中，只有一个选项是正确的，请将正确选项写在括号内。

1. 设整型变量 a 为 5，使 b 不为 2 的表达式是（　　　）。

　A. b=a/2　　　　B. b=6−(−−a)　　　　C. b=a%2　　　　D. b=a>3?2:1

2. 为了避免嵌套的条件分支语句 if…else 的二义性，C 语言规定：C 程序中的 else 总是与（　　　）组成配对关系。

　A. 缩排位置相同的 if　　　　　　　　B. 在其之前未配对的 if

　C. 在其之前未配对的最近的 if　　　　D. 同一行上的 if

3. 以下程序的输出结果是（   ）。

```
int x=10,y=10;
printf("%d  %d\n",x--,--y);
```

    A. 10 10   B. 9 9   C. 9 10   D. 10 9

4. 设 a 为存放（短）整型的一维数组，如果 A 的首地址为 P，那么 A 中第 i 个元素的地址是（   ）。

    A. p+i*2   B. p+(i-1)*2   C. p+(i-1)   D. p+i

5. 下列标识符中不是合法的标识符的为（   ）。

    A. hot_do   B. cat1   C. _pri   D. 2ab

6. 有以下程序段

```
char name[20];
int num;
scanf("name=%s num=%d",name;&num);
```

当执行上述程序段，并从键盘输入：name=Lili num=1001<回车>后，name 的值是（   ）。

    A. Lili   B. name=Lili   C. Lili num=   D. name=Lili num=1001

7. if 语句的基本形式是：if(表达式)语句，以下关于"表达式"值的叙述中正确的是（   ）。

    A. 必须是逻辑值   B. 必须是整数值

    C. 必须是正数   D. 可以是任意合法的数值

8. 运行下面的程序，输出结果是（   ）。

```
#include <stdio.h>
void main()
{
    int x=011;
    printf("%d\n",++x);
}
```

    A. 12   B. 11   C. 10   D. 9

9. 有以下程序

```
#include <stdio.h>
void main()
{
    int s;
    scanf("%d",&s);
    while(s>0)
     {
        switch(s)
         {
            case 1:printf("%d",s+5);
            case 2:printf("%d",s+4); break;
            case 3:printf("%d",s+3);
            default :printf("%d",s+1);break;
         }
        scanf("%d",&s);
     }
}
```

运行时，若输入 1 2 3 4 5 0<回车>，则输出结果是（   ）。

    A. 6566456   B. 66656   C. 66666   D. 6666656

10. 若 i 和 k 都是 int 类型变量，有以下 for 语句

```
for(i=0,k=-1;k=1;k++) printf("*****\n");
```

下面关于语句执行情况的叙述中正确的是（　　　）。

    A．循环体执行两次　 B．循环体执行一次

    C．循环体一次也不执行　 D．构成无限循环

11. 若整型变量 a、b、c、d 中的值依次为：1、4、3、2。

则条件表达式 a<b?a:c<d?c:d 的值是（　　　）。

    A．1　 B．2　 C．3　 D．4

12. 下面能正确进行字符串赋值操作的语句是（　　　）。

    A．char s[5]={"ABCDE"};

    B．char s[5]={'A','B','C','D','E'};

    C．char *s;s="ABCDEF";

    D．char *s;scanf("%s",s);

13. 若要求在 if 后一对圆括号中表示 a 不等于 0 的关系，则能正确表示这一关系的表达式是（　　　）。

    A．a<>0　 B．!a　 C．a=0　 D．a

14. 不能把字符串：Hello! 赋给数组 b 的语句是（　　　）。

    A．char b[10]={'H','e','l','l','o','!'};　 B．char b[10];b="Hello!";

    C．char b[10]; strcpy(b,"Hello!");　 D．char b[10]="Hello!";

15. 若有说明：int i,j=7,*p=&i;，则与 i=j;等价的语句是（　　　）。

    A．I=*P;　 B．*P=*&J;　 C．i=&j;　 D．i=**p;

16. 在下列选项中，没有构成死循环的程序段是（　　　）。

```
A. int i=100                 B. int k=1000;
   while (1)                     do{++k}
   {                               while (k>=1000)
     i=i%100+1;
     if(i>100)break;
   }
C. for(;;);                   D. int s=36
                                 while(s);--s;
```

17. 下列程序段运行结果是（　　　）。

```
unsigned int a=3,b=10;
printf("%d\n",a<<2|b==1);
```

    A．12　 B．14　 C．13　 D．8

18. 运行下面的程序，输出结果是（　　　）。

```
#include <stdio.h>
void main()
{
  int p[8]={11,12,13,14,15,16,17,18},i=0,j=0;
  while(i++<7) if(p[i]%2) j+=p[i];
  printf("%d\n",j);
}
```

    A．42　 B．45　 C．56　 D．60

19. 运行下面的程序，输出结果是（　　　）。

```
#include <stdio.h>
void main()
{
    int i=1,j=3;
    printf("%d,",i++);
    {
        int i=0;
        i+=j*2;
        printf("%d,%d,",i++,j);
    }
    printf("%d,%d",i,j);
}
```

A. 1,6,3,2,3　　　　B. 1,6,3,1,3　　　　C. 1,6,3,6,3　　　　D. 1,7,3,2,3

20. 设 i 是 int 型变量，f 是 float 型变量，用下面的语句给这两个变量输入值：

```
scanf("i=%d,f=%f",&i,&f);
```

为了把 100 和 765.12 分别赋给 i 和 f，则正确的输入是（　　　）。

A. 100 765.12

B. i=100,f=765.12

C. 100 765.12

D. x=100y=765.12

21. 若有以下定义和语句：

```
int u=010,v=0x10,w=10;
printf("%d,%d,%d\n",u,v,w);
```

则输出结果是（　　　）。

A. 8,16,10　　　　B. 10,10,10　　　　C. 8,8,10　　　　D. 8,10,10

22. 给出以下定义：

```
char x[ ]="abcdefg";
char y[ ]={'a','b','c','d','e','f','g'};
```

则正确的叙述是（　　　）。

A. 数组 x 和数组 y 等价

B. 数组 x 和数组 y 的长度相同

C. 数组 x 的长度大于数组 y 的长度

D. 数组 x 的长度小于数组 y 的长度

23. 运行下面的程序

```
#include <stdio.h>
func(char str[] )
{
    int num =0;
    while(*(str+num) num+ +;
    return(num);
}
void main()
{
    char str[10],*p=str;
    gets(p);
    printf("%d\n",func(p));
}
```

如果从键盘上输入 ABCDE<回车>，则输出结果是（　　　）。

A. 8　　　　　　B. 7　　　　　　C. 6　　　　　　D. 5

24. 以下程序的输出结果是（　　　）。

```
#include <stdio.h>
void main()
{
  int i,k,a[10],p[3];
  k=5;
  for(i=0;i<10;i++)  a[i]=i;
  for(i=0;i<3;i++)  p[i]=a[i*(i+1)];
  for(i=0;i<3;i++)  k+=p[i]*2;
  printf("%d\n",k);
}
```

A. 20　　　　　　　B. 21　　　　　　　C. 22　　　　　　　D. 23

25. 若已定义 a 为 int 型变量，则对 p 的说明和初始化正确的是（　　　）。

A. int *p=&a;　　　　B. int *p=*a;　　　　C. int p=a;　　　　D. int *p=a;

26. 请读程序片段：

```
char str[]="abcd", *p=str;
printf("%d\n", *(p+4));
```

上面程序片段的输出结果是（　　　）。

A. 68　　　　　　　B. 0　　　　　　　C. 字符'd'的地址　　　D. 不确定的值

27. 若有以下的定义：

```
int a[]={1,2,3,4,5,6,7,88,9,10}, *p=a;
```

则值为 3 的表达式是（　　　）。

A. p+=2, *(p++)　　B. p+=2,*++p　　C. p+=3, *kp++　　D. p+=2,++*p

28. 执行下面的程序后，a 的值是（　　　）。

```
#include <stdio.h>
void main()
{
    int a,b;
    for(a=1,b=1;a<=100;a++)
    {
        if(b>=20) break;
        if(b%3==1)
        {
            b+=3;
            continue;
        }
    }
    printf("%d",b);
}
```

A. 7　　　　　　　B. 22　　　　　　　C. 9　　　　　　　D. 10

29. 能正确表示 a≥10 或 a≤0 的关系表达式是（　　　）。

A. a>=10 or a<=0　　　　　　　　　B. a>=10ǀa<=0

C. a>=10ǀǀa<=0　　　　　　　　　　D. a>=10ǀǀa<=0

30. 当 a=1，b=3，c=5，d=4 时，执行下面一段程序后，x 的值是（　　　）。

```
if(a>b)  x=1;
```

```
    else
    it(c>d)  x=2;
    else x=3;
```

A. 1 　　　　　　B. 2 　　　　　　C. 3 　　　　　　D. 6

31. 若有以下定义：

```
float x;int a,b;
```

则正确的 switch 语句是（　　　）。

A.
```
switch(x)
{ case1.0:printf("*\n");
  case2.0:printf("**\n");
}
```

B.
```
switch(x)
{ case1,2:printf("*\n");
  case3:printf("**\n");
 }
```

C.
```
switch (a+b)
{ case 1:printf("\n");
  case 1+2:printf("**\n");
}
```

D.
```
switch (a+b);
{ case 1:printf(."*\n");
  case 2:printf("**\n");
}
```

32. 设 x，y，z，t 均为 int 型变量，则执行以下语句后，t 的值是（　　　）。

```
x=y=z=1;
t=++x||++y&&++z;
```

A. 不定值 　　　　　B. 2 　　　　　　C. 1 　　　　　　D. 0

33. 若有以下定义和语句：

```
int w[2][3],(*pw)[3];  pw=w;
```

则对 w 数组元素非法引用的是（　　　）。

A. *(w[0]+2) 　　　B. *(pw+1)[2] 　　　C. pw[0][0] 　　　　D. *(pw[1]+2)

34. 运行以下程序后

```
#include <stdio.h>
void main()
{
  int v1=0,v2=0;
  char ch;
  while((ch=getchar( ))!='#')
  switch(ch)
  {
    case 'a':
    case 'h':
    default: v1++;
    case '0': v2++;
  }
  printf("%d,%d\n",v1,v2);
}
```

如果从键盘上输入 china#<回车>，则输出结果是（　　　）。

A. 2,0 　　　　　　B. 5,0 　　　　　　C. 5,5 　　　　　　D. 2,5

35. 以下程序输出的结果是（　　　）。

```
#include <stdio.h>
void main()
{
  char w[][10]={"ABCD","EFGH","IJKL","MNOP"},k;
```

```
    for (k=1;k<3;k++)
    printf("%s\n",&w[k][k]);
}
```

A. ABCD　　　　B. ABCD　　　　C. EFG　　　　D. FGH
　 FGH　　　　　　 EFG　　　　　　 JK　　　　　　　 KL
　 KL　　　　　　　 IJ　　　　　　　 O

36. 有以下程序段

```
char arr[]="ABCDE";
char *ptr;
for(ptr=arr;ptr<arr+5;ptr++) printf("%s\n",ptr);
```

输出结果是（　　　）。

A. ABCD　　　　B. A　　　　　C. E　　　　　D. ABCDE
　　　　　　　　　 B　　　　　　 D　　　　　　 BCDE
　　　　　　　　　 C　　　　　　 C　　　　　　 CDE
　　　　　　　　　 D　　　　　　 B　　　　　　 DE
　　　　　　　　　 E　　　　　　 A　　　　　　 E

37. 若 i,j 已定义为 int 类型，则以下程序段中内循环体的总的执行次数是（　　　）。

```
for(i=5;i;i--)
for(j=0;j<4;j++){…}
```

A. 20　　　　　　B. 25　　　　　C. 24　　　　　D. 30

38. 设有以下宏定义：

```
#define N  3
#define Y(n)  ((N+1)*n)
```

则执行语句：z=2 * (N+Y(5+1));后，z 的值是（　　　）。

A. 出错　　　　　B. 42　　　　　C. 48　　　　　D. 54

39. 运行下面的程序，输出结果是（　　　）。

```
#include <stdio.h>
ss(char *s)
{
  char *p=s;
  while(*p)p++;
  return(p-s);
}
void main()
{
  char *a="abded";
  int i;
  i=ss(A);
  printf("%d\n",i);
}
```

A. 8　　　　　　 B. 7　　　　　 C. 6　　　　　 D. 5

40. 若有以下定义和语句：

```
int a[10]={1,2,3,4,5,6,7,8,9,10},*p=a;
```

则不能表示 a 数组元素的表达式是（　　　）。

A. *p　　　　　　B. a[10]　　　　C. *a　　　　　D. a[p−a]

41. 请读程序片段(字符串内没有空格字符)：
    ```
    printf("%d\n", strlen("ats\n012\1\\"));
    ```
    上面程序片段的输出结果是（　　　）。

    A. 11   B. 10   C. 9   D. 8

42. 运行下面的程序，输出结果是（　　　）。
    ```
    #include <stdio.h>
    void main()
    {
        int a,b,c=246;
        a=c/100%9;
        b=(-1)&&(-1);
        printf("%d,%d\n",a,b);
    }
    ```
    A. 2,1   B. 3,2   C. 4,3   D. 2,-1

43. 运行下面的程序，输出结果是（　　　）。
    ```
    #include <stdio.h>
    void main()
    {
        char *s="121";
        int  k=0, a=0, b=0;
        do
        {
            k++;
            if(k%2==0) {a=a+s[k]-'0';continue;}
            b=b+s[k]-'0';   a=a+s[k]-'0';
        }
        while (s[k+1]);
        printf("k=%d a=%d b=%d\n",k,a,b);
    }
    ```
    A. k=3 a=2 b=3   B. k=3 a=3 b=2   C. k=2 a=3 b=2   D. k=2 a=2 b=3

44. 运行下面的程序，输出结果是（　　　）。
    ```
    #include <stdio.h>
    struct stu
    {
        int num;
        char name[10];
        int age;
    };
    void fun(struct stu *p)
    {
        printf("%s\n",(*p).name);
    }
    void main()
    {
        struct stu students[3]={ {9801,"Zhang",20},
                                 {9802,"Wang",19},
                                 {9803,"Zhao",18}
                               };
    ```

```
    fun(students+2);
    }
```

  A. Zhang   B. Zhao   C. Wang   D. 18

45. 设有以下定义:

```
int a[4][3]={1,2,3,4,5,6,7,8,9,10,11,12};
int (*prt)[3]=a,*p=a[0]
```

  则下列能够正确表示数组元素 a[1][2]的表达式是 ( )。

  A. *((*prt+1)[2]) B. *(*(p+5))   C. (*prt+1)+2   D. *(*(a+1)+2)

46. 运行下面的程序, 输出结果是 ( )。

```
#include <stdio.h>
void main()
{
  int i=1,j=2,k=3;
  if(i++==1&&(++j==3||k++==3))
    printf("%d %d %d\n",i,j,k);
}
```

  A. 1 2 3   B. 2 3 4   C. 2 2 3   D. 2 3 3

47. 设有如下定义:

```
int a=1,b=2,c=3,d=4,m=2,n=2;
```

  则执行表达式: (m=a>b)&&(n=c>d)后, n 的值是 ( )。

  A. 1   B. 2   C. 3   D. 0

48. 运行下面的程序, 输出结果是 ( )。

```
#include <stdio.h>
int f1(int x,int y)
{
  return x>y?x:y;
}
int f2(int x,int y)
{
  return x>y?y:x;
}
void main()
{
  int a=4,b=3,c=5,d=2,e,f,g;
  e=f2(f1(a,b),f1(c,d));
  f=f1(f2(a,b),f2(c,d));
  g=a+b+c+d-e-f;
  printf("%d,%d,%d\n",e,f,g);
}
```

  A. 4,3,7   B. 3,4,7   C. 5,2,7   D. 2,5,7

49. 运行下面的程序, 输出结果是 ( )。

```
#include <stdio.h>
func(int a,int b)
{
  static int m=0,i=2;
  i+=m+1;
```

```
    m=i+a+b;
    return(m);
}
void main()
{
    int k=4,m=1,p;
    p=func(k,m); printf("%d,",p);
    p=func(k,m); printf("%d\n",p);
}
```

A. 8,15   B. 8,16   C. 8,17   D. 8,8

50. 函数调用：strcat(strcpy(str1,str2), str3)的功能是（　　　　）。

   A. 将字符串 str1 复制到字符串 str2 中后再连接到字符串 str3 之后

   B. 将字符串 str1 连接到字符串 str2 之后再复制到字符串 str3 之后

   C. 将字符串 str2 复制到字符串 str1 中后再将字符串 str3 连接到字符串 str1 之后

   D. 将字符串 str2 连接到字符串 str1 之后再将字符串 str1 复制到字符串 str3 中

二、填空题（每空 4 分，共 40 分）

请将每空的正确答案写在横线上。

1. 设 i，j，k 均为 int 型变量，则执行完下面的 for 循环后，k 的值为＿＿＿（1）＿＿＿。

```
for(i=0,j=10;i<=j;i++,j--)
    k=i+j;
```

2. 若函数 fun 的类型 void，且有以下定义和调用语句：

```
#include <stdio.h>
#define M 50
void main()
{
    int a[M];
    …
    fun(a);
    …
}
```

定义 fun 函数首部可以用 3 种不同的形式，请写出这 3 种形式：＿＿＿（2）＿＿＿、＿＿＿（3）＿＿＿、
＿＿＿（4）＿＿＿。

（注意：① 形参的名称请用 q，② 使用同一种风格）。

3. 以下函数的功能是：把两个整数指针所指的存储单元中的内容进行交换，请填空。

```
exchange(int *x, int *y)
{
    int t;
    t=*y;
    y=＿＿＿（5）＿＿＿;
    *x=＿＿＿（6）＿＿＿;
}
```

4. 下面程序通过函数 ave 计算数组中所有元素的平均值，请填空。

```
#include <stdio.h>
float avg(int *a,int n)
{
```

```
    int i;
    float avg=0.0;
    for(i=0;i<n;i++)
    avg+=____(7)____;
    avg/=____(8)____;
    return avg;
}
void main()
{
  int a[5]={1.0,3.0,4.0,5.0,7.0};
  float average=avg(a,5);
  printf ("average=%f",average);
}
```

5. 以下程序运行后的输出结果是＿＿＿（9）＿＿＿。

```
#include <stdio.h>
void main()
{
    char m;
    m='B'+32;
    printf("%c\n",m);
}
```

6. 下述程序的运行结果是＿＿＿（10）＿＿＿。

```
#include <stdio.h>
void fun(char *s)
{
    if (!*s)
    return;
    fun(s+1);
    putchar(*s);
}
void main()
{
    char *s="3726785";
    fun(s);
}
```

4-1-4　笔试模拟试题二参考答案

一、选择题

1. C　2. C　3. D　4. B　5. D　6. A　7. D　8. C　9. A　10. D
11. A　12. C　13. D　14. B　15. B　16. B　17. C　18. B　19. A　20. B
21. A　22. C　23. D　24. B　25. A　26. B　27. A　28. B　29. D　30. B
31. C　32. C　33. B　34. C　35. D　36. D　37. A　38. C　39. D　40. B
41. A　42. A　43. C　44. B　45. D　46. D　47. B　48. A　49. C　50. C

二、填空题

1.（1）1

2.（2）void fun (int *q)

（3）void fun (int q[])

（4）void fun (int q[M])

或

void fun (q)int *q;

void fun (q)int q[];

void fun (q)int q[M];

3.（5）*x　　　（6）t

4.（7）*a++　　（8）n

5.（9）b

6.（10）5876273

4-1-5　笔试模拟试题三

一、选择题（1～40题每题1分，41～50题每题2分，共60分）

下列各题 A、B、C、D 4个选项中，只有一个选项是正确的，请将正确选项写在括号内。

1. 以下选项中属于 C 语言的数据类型是（　　　）。

　　A．复合型　　　　　　B．双精度型　　　　　　C．逻辑型　　　　　　D．集合型

2. 以下说法中正确的是（　　　）。

　　A．C 语言程序总是从第一个函数开始执行

　　B．在 C 语言程序中，要调用的函数必须在 main()函数中定义

　　C．C 语言程序总是从 main()函数开始执行

　　D．C 语言程序中的 main()函数必须放在程序的开始部分

3. 下列描述中不正确的是（　　　）。

　　A．字符型数组中可能存放字符串。

　　B．可以对字符型数组进行整体输入、输出。

　　C．可以对整型数组进行整体输入、输出。

　　D．不能在赋值语句中通过赋值运算符"="对字符型数组进行整体赋值。

4. 若已定义：int a[9], *p=a;并在以后的语句中未改变 p 的值，不能表示 a[1]地址的表达式是（　　　）。

　　A．p+1　　　　　B．a+1　　　　　C．a++　　　　　D．++p

5. 设有如下定义：

```
int x=10,y=3,z;
```

则语句

```
printf("%d\n",z=(x%y,x/y));
```

的输出结果是（　　　）。

　　A．1　　　　　B．0　　　　　C．4　　　　　D．3

6. 表示关系 x<=y<=z 的 C 语言表达式是（　　　）。

　　A．(x<=y)&&(y<=z)　　　　　　　　B．(x<=y)AND(y<=z)

　　C．(x<=y<=z)　　　　　　　　　　D．(x<=y)&(y<=z)

7. 设有如下定义：

```
int x=10,y=3,z;
```

则语句
```
printf("%d\n",z=(x%y,x/y));
```
的输出结果是（　　）。

A. 1 B. 0 C. 4 D. 3

8. 运行以下程序输出结果是（　　）。
```
#include <stdio.h>
void main()
{
  int x=10,y=10;
  printf("%d %d\n",x--,--y);
}
```
A. 10 10 B. 9 9 C. 9 10 D. 10 9

9. 运行以下程序输出结果是（　　）。
```
#include <stdio.h>
void  main()
{
  int a=2;
  a%=4-1;
  printf("%d,",a);
  a+=a*=a-=a*=3;
  printf("%d",a);
}
```
A. -1,12 B. 1,0 C. 2,0 D. 2,12

10. 以下叙述中不正确的是（　　）。

　　A. 在不同的函数中可以使用相同名称的变量

　　B. 函数中的形式参数是局部变量

　　C. 在一个函数内定义的变量只在本函数范围内有效

　　D. 在一个函数内的复合语句中定义的变量在本函数范围内有效

11. 有以下程序段
```
#include <stdio.h>
void main()
{
  int i,n;
  for(i=0;i<8;i++)
  {
      n=rand()%5;
      switch (n)
       {
         case 1:
         case 3:printf("%d\n",n); break;
         case 2:
         case 4:printf("%d\n",n); continue;
         case 0:exit(0);
       }
      printf("%d\n",n);
    }
  }
```

以下关于程序段执行情况的叙述，正确的是（   ）。

A．for 循环语句固定执行 8 次

B．当产生的随机数 n 为 4 时结束循环操作

C．当产生的随机数 n 为 1 和 2 时不做任何操作

D．当产生的随机数 n 为 0 时结束程序运行

12．运行下面的程序，输出结果是（   ）。

```c
#include <stdio.h>
void main()
{
    char s[]="012xy\08s34f4w2";
    int i,n=0;
    for(i=0;s[i]!=0;i++)
        if(s[i]>='0'&&s[i]<='9') n++;
    printf("%d\n",n);
}
```

A．0   B．3   C．7   D．8

13．运行下面的程序，输出结果是（   ）。

```c
#include <stdio.h>
void main()
{
    char b,c; int i;
    b='a'; c='A';
    for(i=0;i<6;i++)
    {
        if(i%2) putchar(i+b);
        else putchar(i+c);
    }
    printf("\n");
}
```

A．ABCDEF   B．AbCdEf   C．aBcDeF   D．abcdef

14．设有定义：double x[10],*p=x;，以下能给数组 x 下标为 6 的元素读入数据的正确语句是（   ）。

A．scanf("%f",&x[6]);   B．scanf("%lf",*(x+6));

C．scanf("%lf",p+6);   D．scanf("%lf",p[6]);

15．运行下面的程序，输出结果是（   ）。

```c
#include <stdio.h>
void fun(char *s)
{
    while(*s)
    {
        if(*s%2) printf("%c",*s);
        s++;
    }
}
void main()
{
    char a[]="BYTE";
    fun(a);
```

```
    printf("\n");
}
```

A. BY   B. BT   C. YT   D. YE

16. 有以下程序段

```
#include <stdio.h>
void main()
{   …
    while( getchar()!='\n');
        …
}
```

以下叙述中正确的是（   ）。

A. 此 while 语句将无限循环

B. getchar()不可以出现在 while 语句的条件表达式中

C. 当执行此 while 语句时，只有按回车键程序才能继续执行

D. 当执行此 while 语句时，按任意键程序就能继续执行

17. 运行下面的程序，输出结果是（   ）。

```
#include <stdio.h>
void main()
{
    int x=1,y=0;
    if(!x) y++;
    else if(x==0)
        if (x) y+=2;
        else y+=3;
     printf("%d\n",y);
}
```

A. 3   B. 2   C. 1   D. 0

18. 若有定义语句：char s[3][10],(*k)[3],*p;，则以下赋值语句正确的是（   ）。

A. p=s;   B. p=k;   C. p=s[0];   D. k=s;

19. 有以下程序

```
#include <stdio.h>
void fun(char *c)
{
    while(*c)
    {
        if(*c>='a'&&*c<='z') *c=*c-('a'-'A');
        c++;
    }
}
void main()
{
    char s[81];
    gets(s); fun(s); puts(s):
}
```

当执行程序时从键盘上输入 Hello Beijing<回车>，则程序的输出结果是（   ）。

A. hello Beijing   B. Hello Beijing   C. HELLO BEIJING   D. hELLO Beijing

20. 在函数中默认存储类型说明符的变量应该是（　　　）存储类型。

    A. 自动　　　　　　B. 外部　　　　　　C. 内部静态　　　　　　D. 寄存器

21. 若有定义和语句：

```
char s[10]:s="abcd";printf("%s\n",s);
```

    则结果是（以下 u 代表空格）（　　　）。

    A. 输出 abcd　　　　B. 输出 a　　　　　　C. 输出 abcduuuuu　　　D. 编译不通过

22. 若有以下定义和语句

```
int u=010,v=0x10,w=10;
printf("%d,%d,%d\n",u,v,w);
```

    则输出结果是（　　　）。

    A. 8,16,10　　　　B. 10,10,10　　　　C. 8,8,10　　　　　D. 8,10,10

23. 设有如下函数定义：

```
int f(char *s)
{
    char *p=s;
    while(*p!='\0') \p++;
    return(p-s);
}
```

    如果在主程序中用下面的语句调用上述函数，则输出结果是（　　　）。

```
printf("%d\n",f("goodbey!"));
```

    A. 3　　　　　　　B. 6　　　　　　　C. 8　　　　　　　D. 0

24. 以下说法中正确的是（　　　）。

    A. C 语言程序总是从第一个函数开始执行

    B. 在 C 语言程序中，要调用的函数必须在 main 函数中定义

    C. C 语言程序总是从 main 函数开始执行

    D. C 语言程序中的 main 函数必须放在程序的开始部分

25. 若有以下定义和语句：

```
char s1="12345",s2="1234";
printf("%d\n"strlen(strcpy(s1,s2)));
```

    则输出结果是（　　　）。

    A. 4　　　　　　　B. 5　　　　　　　C. 9　　　　　　　D. 10

26. 运行下面的程序，输出结果是（　　　）。

```
#include <stdio.h>
void main()
{
    char a,b,c,d,e;
    a='H';b='E';c='L';d='L';e='O';
    putchar(A); putchar(B); putchar(C); putchar(D); putchar(e);
}
```

    A. h　　　　　　　B. H　　　　　　　C. HELLO　　　　　D. hello
       e　　　　　　　 E
       l　　　　　　　 L
       l　　　　　　　 L
       o　　　　　　　 O

27. 运行下面的程序，输出结果是（　　　）。
```c
#include <stdio.h>
void main()
{
  int x=3;
  do
    {
      printf("%3d",x-=2);
    }
  while(!(--x));
}
```
A. 1　　　　　　　B. 3 0　　　　　　　C. 1 -2　　　　　　D. 死循环

28. 两次运行下面的程序，如果从键盘上分别输入 6 和 4，则输出结果是（　　　）。
```c
#include <stdio.h>
void main()
{
    int x;
    scanf("%d",&x);
    if(x + + >5)printf("%d",x);
    else printf("%d\n",x - -);
}
```
A. 7 和 5　　　　　B. 6 和 3　　　　　C. 7 和 4　　　　　D. 6 和 4

29. 运行下面的程序，输出结果是（　　　）。
```c
#include <stdio.h>
void main()
{
    int a= -1,b=4,k;
    k=(+ +a<0 )&&!(b --<=0);
    printf("%d%d%d\n",k,a,B);
}
```
A. 104　　　　　　B. 103　　　　　　C. 003　　　　　　D. 004

30. C 语言中数组下标的下限是（　　　）。

A. 0　　　　　　　B. 无固定下限　　　　C. 1　　　　　　D. 视说明语句而定

31. 运行下面的程序，输出结果是（　　　）。
```c
#include <stdio.h>
int a=2;
int f(int *a)
{
    return (*a)++;
}
void main()
{
    int s=0;
    {
      int a=5;
      s+=f(&a);
    }
    s+=f(&a);
```

```
    printf("%d\n",s);
}
```
A. 10 B. 9 C. 7 D. 8

32. 以下函数值的类型是（   ）。
```
fun(float  x)
{
    float  y;   y=3*x-4;   return y;
}
```
A. int B. 不确定 C. void D. float

33. 下列函数定义中，会出现编译错误的是（   ）。
A. max(int x,int y,int *z)
```
{ *z=x>y ? x:y; }
{ int z; z=x>y ? x:y;
   return z;
}
```
B. int max(int x,y)

C. max(int x,int y)
```
{ int z;
   z=x>y?x:y;
}
```
D. int max(int x,int y)
```
{ return(x>y?x:y); }
   return(z);
```

34. 下列数据类型中不属于构造类型的是（   ）。
A. 数组 B. 结构 C. 联合 D. 枚举

35. 设有以下语句：
```
typedef struct  S
{ int g;  char  h;}  T;
```
则下面叙述中正确的是（   ）。
A. 可用 S 定义结构体变量
B. 可以用 T 定义结构体变量
C. S 是 struct 类型的变量
D. T 是 struct S 类型的变量

36. 运行下面的程序，输出结果是（   ）。
```
#include <stdio.h>
fun(int a, int b)
{
  if(a>B. return(a);
  else return(b);
}
void main()
{
    int x=3, y=8, z=6,r;
    r=fun(fun(x,y), 2*z);
    printf("%d\n", r);
}
```
A. 3 B. 6 C. 8 D. 12

37. 运行下面的程序，输出结果是（   ）。
```
#include <stdio.h>
void main()
{
    unsigned char a,b;
```

```
   a=4|3;
   b=4&3;
   printf("%d %d\n",a,b);
}
```

A. 7　0　　　　　　B. 0　7　　　　　　C. 1　1　　　　　　D. 43　0

38. 有以下程序，若运行时依次输入：abcd、abba 和 abc 3 个字符串，则输出结果是（　　）。

```
#include <stdio.h>
char *scmp(char *s1, char *s2)
{
   if(strcmp(s1,s2)<0)
   return(s1);
   else return(s2);
}
void main()
{
   int i; char string[20], str[3][20];
   for(i=0;i<3;i++) gets(str[i]);
   strcpy(string,scmp(str[0],str[1]));   /*库函数 strcpy 对字符串进行复制*/
   strcpy(string,scmp(string,str[2]));
   printf("%s\n",string);
}
```

A. abcd　　　　　　B. abba　　　　　　C. abc　　　　　　D. abca

39. 运行下面的程序，输出结果是（　　）。

```
#include <stdio.h>
void sort(int a[],int n)
{
   int i,j,t;
   for(i=0;i<n-1;i+=2)
      for(j=i+2;j<n;j+=2)
         if(a[i]<a[j])
         { t=a[i];  a[i]=a[j];  a[j]=t; }
}
void main()
{
   int aa[10]={1,2,3,4,5,6,7,8,9,10},i;
   sort(aa,10);
   for(i=0;i<10;i++)
   printf("%d,",aa[i]);
   printf("\n");
}
```

A. 1,2,3,4,5,6,7,8,9,10,　　　　　　B. 10,9,8,7,6,5,4,3,2,1,

C. 9,2,7,4,5,6,3,8,1,10,　　　　　　D. 1,10,3,8,5,6,7,4,9,2,

40. 在 C 语言中，形参的默认存储类型是（　　）。

A. auto　　　　　　B. register　　　　　　C. static　　　　　　D. extern

41. 有以下程序段

```
#include <stdio.h>
void main()
 {
    int a=5,*b,**c;
```

```
     c=&b; b=&a;
     ...
   }
```

程序在执行 c=&b;b=&a;语句后，表达式：**c 的值是（　　　）。

A．变量 a 的地址　　B．变量 b 中的值　　　C．变量 a 中的值　　　D．变量 b 的地址

42．以下程序段中，不能正确赋于字符串（编译时系统会提示错误）的是（　　　）。

A．char s[10]="abcdefg";　　　　　　　　B．char t[]="abcdefg",*s=t;

C．char s[10];s="abcdefg";　　　　　　　D．char s[10];strcpy(s,"abcdefg");

43．已定义以下函数：

```
fun(char *p2, char *p1)
{
  while((*p2=*p1)!=\0 )
  {
    p1++;
    p2++;
  }
}
```

函数的功能是（　　　）。

A．将 p1 所指字符串复制到 p2 所指内存空间

B．将 p1 所指字符串的地址赋给指针 p2

C．对 p1 和 p2 两个指针所指字符串进行比较

D．检查 p1 和 p2 两个指针所指字符串中是否有 \0

44．运行下面的程序，输出结果是（　　　）。

```
#include <stdio.h>
int  func(int a, int b)
{
    return(a+b);
}
void main()
{
  int x=2,y=5,z=8,r;
  r=func(func(x,y),z);
  printf("%d\n",r);
}
```

A．12　　　　　　　　B．13　　　　　　　　C．14　　　　　　　　D．15

45．运行下面的程序，输出结果是（　　　）。

```
#include <stdio.h>
void f(int a[],int i,int j)
{
  int  t;
  if(i<j)
  {
    t=a[i];
    a[i]=a[j];
    a[j]=t;
    f(a,i+1,j-1);
  }
}
```

```
void main()
{
  int i,aa[5]={1,2,3,4,5};
  f(aa,0,4);
  for(i=0;i<5;i++)
  printf("%d,",aa[i]);
  printf("\n");
}
```
A. 5,4,3,2,1,   B. 5,2,3,4,1,   C. 1,2,3,4,5,   D. 1,2,3,4,5,

46. 若 fp 已正确定义并指向某个文件,当未遇到该文件结束标志时函数 feof(fp)的值是 (   )。
A. 0   B. 1   C. -1   D. 一个非 0 值

47. 运行下面的程序,输出结果是 (   )。
```
#include <stdio.h>
#include <stdlib.h>
struct NODE{ int num;
            struct NODE *next; };
void main()
{
  struct NODE *p,*q,*r;
  int sum=0;
  p=(struct NODE *)malloc(sizeof(struct NODE));
  q=(struct NODE *)malloc(sizeof(struct NODE));
  r=(struct NODE *)malloc(sizeof(struct NODE));
  p->num=1;q->num=2;r->num=3;
  p->next=q;q->next=r;r->next=NULL;
  sum+=q->next->num;sum+=p->num;
  printf("%d\n",sum);
}
```
A. 3   B. 4   C. 5   D. 6

48. 运行下面的程序,输出结果是 (   )。
```
#include <stdio.h>
void main()
 {
   int a[3][3],*p,i;
   p=&a[0][0];
   for(i=0;i<9;i++) p[i]=i+1;
   printf("%d \n",a[1][2]);
 }
```
A. 3   B. 6   C. 9   D. 2

49. 以只读方式打开一个二进制文件,应选择的打开方式是 (   )。
A. "a+"   B. "w+"   C. "rb"   D. "wb"

50. 有以下程序 (提示:程序中 fseek(fp,-2L*sizeof(int),SEEK_END);语句的作用是使位置指针从文件尾向前移 2*sizeof(int)字节)。
```
#include <stdio.h>
void main()
{
  FILE *fp;  int i,a[4]={1,2,3,4},b;
  fp=fopen("data.dat","wb");
  for(i=0;i<4;i++)  fwrite(&a[i],sizeof(int),1,fp);
```

```
fclose(fp);
fp=fopen("data.dat","rb");
fseek(fp,-2L*sizeof(int),SEEK_END);
fread(&b,sizeof(int),1,fp);    /*从文件中读取 sizeof(int)字节的数据到变量 b 中*/
fclose(fp);
printf("%d\n",b);
}
```

执行后输出结果是（　　　　）。

A. 2   B. 1   C. 4   D. 3

二、填空题（每空 4 分，共 40 分）

请将每空的正确答案写在横线上。

1. 经过下述赋值后，变量 x 的数据类型是_____（1）_____。

```
int x=2;
double y ;
y=(int)(float)x;
```

2. 下面程序的输出是_____（2）_____。

```
#include <stdio.h>
void main()
{ int i=3,j=2;
  char *a="DCBA";
  printf("%c%c\n",a[i],a[j]);
}
```

3. fun1 函数的调用语句为：fun1(&a,&b,&c);它将 3 个整数按由大到小的顺序调整后依次放入 a、b、c 3 个变量中，a 中放最大数，请填空。

```
void fun2 (int *x,int *y)
{
  int t;
  t=*x;*x=*y;*y=t;
}
void fun1 (int *pa,int *pb,int *pc)
{
  if(*pc>*pb)fun2 (____（3）____);
  if(*pa<*pc)fun2 (____（4）____);
  if(*pa<*pb)fun2 (____（5）____);
}
```

4. 函数 fun 的功能是：使一个字符串按逆序存放，请填空。

```
void fun (char str[])
{
  char m; int i,j;
  for(i=0,j=strlen(str);i<____（6）____;i++,j- -)
  {
    m=str[i];
    str[i]=____（7）____;
    str[j-1]=m;
  }
  printf("%s\n",str);
}
```

5. 以下函数 creat 用来建立一个带头结点的单向链表，新产生的结点总是插在链表的末尾，单向链表的头指针作为函数值返回，请填空。

```c
#include <stdio.h>
struct list
{
    char data;
    struct list * next;
};
struct list * creat()
{
    struct list * h,* p,* q;
    char ch;
    h=    (8)    malloc(sizeof(struct list));
    p=h;
    ch=getchar();
    while(ch!='?')
    {
    p=    (9)    malloc(sizeof(struct list));
    p->data=ch;
    p->next=p;
    ch=getchar();
    }
    p->next='\0';
        (10)
}
```

4-1-6　笔试模拟试题三参考答案

一、选择题

1. B	2. C	3. C	4. C	5. D	6. A	7. D	8. D	9. C
10. D	11. D	12. B	13. B	14. C	15. D	16. C	17. D	18. C
19. D	20. C	21. D	22. A	23. C	24. C	25. A	26. C	27. C
28. A	29. D	30. A	31. C	32. A	33. B	34. D	35. D	36. D
37. A	38. B	39. C	40. A	41. C	42. C	43. A	44. D	45. A
46. A	47. B	48. B	49. C	50. D				

二、填空题

1. （1）int

2. （2）AB

3. （3）pc,pb 或 pb,pc

　　（4）pc,pa 或 pa,pc

　　（5）pb,pa 或 pa,pb

4. （6）strlen(str)/2 或 strlen(str)/2.0 或

　　0.5*strlen(str)或 j 或 j－1

　　（7）str[j－1]或*(strj－1)

5.（8）(struct list *)

（9）(struct list *)

（10）return(h)或 return h;

4-1-7　笔试模拟试题四

一、选择题（1～40 题每题 1 分，41～50 题每题 2 分，共 60 分）

下列各题 A、B、C、D 4 个选项中，只有一个选项是正确的，请将正确选项写在括号内。

1. 优先级最高的运算符是（　　　）。

  A．[ ]　　　　　B．+=　　　　　C．?:　　　　　D．++

2. 设整型变量 n 的值为 2，执行语句"n+=n-=n*n;"后，n 的值是（　　　）。

  A．0　　　　　B．4　　　　　C．-4　　　　　D．2

3. 若 x=5,y=3 则 y*=x+5; y 的值是（　　　）。

  A．10　　　　　B．20　　　　　C．15　　　　　D．30

4. 下面的变量说明中（　　　）是正确的。

  A．char: a, b, c;　　B．char a; b; c;　　C．char a, b, c;　　D．char a, b, c

5. 表达式 y=(13>12?15:6>7?8:9)的值是（　　　）。

  A．9　　　　　B．8　　　　　C．15　　　　　D．1

6. 以下不能定义为用户标识符的是（　　　）。

  A．scanf　　　　B．Void　　　　C．_3com_　　　　D．in

7. 若以下选项中的变量已正确定义，则正确的赋值语句是（　　　）。

  A．x1=26.8%3　　B．1+2=x2　　C．x3=0x12　　D．x4=1+2=3;

8. 以下选项中非法的表达式是（　　　）。

  A．0<=x<100　　B．i=j==0　　C．(char)(65+3)　　D．x+1=x+1

9. 设有定义：float a=2,b=4,h=3; 以下 C 语言表达式与代数式计算结果不相符的是（　　　）。

  A．(a+b)*h/2　　B．(1/2)*(a+b)*h　　C．(a+b)*h*1/2　　D．h/2*(a+b)

10. 有定义语句：int x,y;，若值 11，变量 y 得到数值 12，下面 4 组输入要通过 scanf("%d, %d",&x,&y); 语句使变量 x 得到数的形式中，错误的是（　　　）。

  A．11 12<回车>　B．11,12<回车>　C．11,12<回车>　D．11,<回车>12<回车>

11. 下列描述中不正确的是（　　　）。

  A．字符型数组中可能存放字符串

  B．可以对字符型数组进行整体输入、输出

  C．可以对整型数组进行整体输入、输出

  D．不能在赋值语句中通过赋值运算符"="对字符型数组进行整体赋值

12. 运行下面的程序，输出结果是（　　　）。

```
#include <stdio.h>
#define  f(x)   x*x
void main()
{
    int a=6,b=2,c;
```

```
    c=f(a)/f(b);
    printf("%d\n",c);
}
```
    A. 9   B. 6   C. 36   D. 18

13. 设有如下定义: int x=10,y=3,z;则语句 printf("%d\n",z=(x%y,x/y)); 的输出结果是（   ）。

    A. 1   B. 0   C. 4   D. 3

14. 定义如下变量和数组:int i; int x[3][3]={1,2,3,4,5,6,7,8,9};

则语句

```
for(i=0;i<3;i++)
printf("%d  ",x[i][2-i]);
```

的输出结果是（   ）。

    A. 1 5 9   B. 1 4 7   C. 3 5 7   D. 3 6 9

15. 以下对二维数组 a 进行正确初始化的是（   ）。

    A. int a[2][3]={{1,2},{3,4},{5,6}};   B. int a[ ][3]={1,2,3,4,5,6};

    C. int a[2][ ]={1,2,3,4,5,6};   D. int a[2][ ]={{1,2},{3,4}};

16. 两次运行下面的程序,如果从键盘上分别输入 6 和 3,则输出结果是（   ）。

```
int x;
scanf("%d",&x);
if(x++>5)  printf("%d",x);
else  printf("%d\n",x--);
```

    A. 7和5   B. 6和3   C. 7和4   D. 6和4

17. 设有如下定义: char *aa[2]={"abcd","ABCD"}; 则以下说法中正确的是（   ）。

    A. aa 数组成元素的值分别是"abcd"和 ABCD"

    B. aa 是指针变量, 它指向含有两个数组元素的字符型一维数组

    C. aa 数组的两个元素分别存放的是含有 4 个字符的一维字符数组的首地址

    D. aa 数组的两个元素中各自存放了字符'a'和'A'的地址

18. 下列程序段的输出结果是（   ）。

```
char *p1="abcd", *p2="ABCD", str[50]="xyz";
strcpy(str+2,strcat(p1+2,p2+1));
printf("%s",str);
```

    A. xyabcAB   B. abcABz   C. ABabcz   D. xycdBCD

19. 下列程序的输出结果是（   ）。

```
int a[5]={2,4,6,8,10},*P,**k;
p=a;  k=&p;
printf("%d",*(p++));
printf("%d\n",**k);
```

    A. 4 4   B. 2 2   C. 2 4   D. 4 6

20. 不能把字符串:Hello!赋给数组 b 的语句是（   ）。

    A. char b[10]={'H','e','l','l','o','!'};

    B. char b[10]; b="Hello!";

    C. char b[10]; strcpy(b,"Hello!");

    D. char b[10]="Hello!";

21. 有以下程序
```c
#include <stdio.h>
void main()
{
    char a[30],b[30];
    scanf("%s",a);
    gets(b);
    printf("%s\n %s\n",a,b);
}
```
运行程序时若输入：

how are you? I am fine<回车>

则输出结果是（   ）。

A. how are you? I am fine
   are you? I am fine

B. how

C. how are you?

D. I am fine

22. 设有如下函数定义
```c
int fun(int k)
{
    if (k<1) return 0;
    else if(k==1) return 1;
    else return fun(k-1)+1;
}
```
若执行调用语句：n=fun(3);，则函数 fun 总共被调用的次数是（   ）。

A. 2   B. 3   C. 4   D. 5

23. 运行下面的程序，输出结果是（   ）。
```c
#include <stdio.h>
int fun (int x,int y)
{
    if (x!=y) return ((x+y);2);
    else return (x);
}
void main()
{
    int a=4,b=5,c=6;
    printf("%d\n",fun(2*a,fun(b,c)));
}
```
A. 3   B. 6   C. 8   D. 12

24. 运行下面的程序，输出结果是（   ）。
```c
#include <stdio.h>
int fun()
{
    static int x=1;
    x*=2;
    return x;
}
void main()
{
```

```
    int i,s=1;
    for(i=1;i<=3;i++) s*=fun();
    printf("%d\n",s);
}
```

A. 0   B. 10   C. 30   D. 64

25. 运行下面的程序，输出结果是（   ）。

```
#include <stdio.h>
#define S(x)  4*(x)*x+1
void main()
{
    int k=5,j=2;
    printf("%d\n",S(k+j));
}
```

A. 197   B. 143   C. 33   D. 28

26. 设有定义：struct {char mark[12];int num1;double num2;} t1,t2;，若变量均已正确赋初值，则以下
    语句中错误的是（   ）。

A. t1=t2;   B. t2.num1=t1.num1;

C. t2.mark=t1.mark;   D. t2.num2=t1.num2;

27. 运行下面的程序，输出结果是（   ）。

```
#include <stdio.h>
struct ord
{
  int x, y;
}dt[2]={1,2,3,4};
void main()
{
    struct ord *p=dt;
    printf("%d,",++(p->x));
    printf("%d\n",++(p->y));
}
```

A. 1,2   B. 4,1   C. 3,4   D. 2,3

28. 运行下面的程序，输出结果是（   ）。

```
#include <stdio.h>
struct S
{
  int a,b;
}data[2]={10,100,20,200};
void main()
{
    struct S p=data[1];
    printf("%d\n",++(p.a));
}
```

A. 10   B. 11   C. 20   D. 21

29. 运行下面的程序，输出结果是（   ）。

```
#include <stdio.h>
void main()
```

```
{
    unsigned char a-8,c;
    c=a>>3;
    printf("%d\n",c);
}
```

    A. 32   B. 16   C. 1   D. 0

30. 设 fp 已定义，执行语句 fp=fopen("file","w");后，以下针对文本文件 file 操作叙述的选项中正确的是（　　）。

    A. 写操作结束后可以从头开始读   B. 只能写不能读

    C. 可以在原有内容后追加写   D. 可以随意读和写

31. 若有以下定义和语句：

```
char *s1="12345",*s2="1234";
printf("%d\n",strlen(strcpy(s1,s2)));
```

则输出结果是（　　）。

    A. 4   B. 5   C. 9   D. 10

32. C 语言命令行参数很有特点，其一般表达式格式是（　　）。

    A. main(int argc,char argv[])   B. main(int argc,int argv)

    C. main(int argc,char *argv[])   D. main(int argc,char *argv)

33. 定义如下变量：

```
int n=10;
```

则下列循环的输出结果是（　　）。

```
while(n>7)
{
  n--;
  printf("%d\n",n);
}
```

    A. 10   B. 9   C. 10   D. 9
       9   8   9   8
       8   7   8   7
       7   6

34. 若有以下说明：

```
int w[3][4]o={{0,1},{2,4},{5,8}};
int(*p)[4]=w;
```

则数值为 4 的表达式是（　　）。

    A. *w[1]+1   B. p++,*(p+1)   C. w[2][2]   D. p[1][1]

35. 在以下一组运算符中，优先级最高的运算符是（　　）。

    A. <=   B. =   C. %   D. &&

36. 设 P1 和 P2 是指向同一个 int 型一维数组的指针变量，k 为 int 型变量，则不能正确执行的语句是（　　）。

    A. k=*P1+*P2;   B. p2=k;   C. P1=P2;   D. k=*P1 * (*P2);

37. 运行下面的程序，输出结果是（　　）。

```
#include <stdio.h>
void main()
```

```
{
    char ch[7]={"65ab21"};
    int i,s =0;
    for(i=0;ch[i]>='0'&&ch[i]<'9';i+=2)
        s=10*s+ch[i]-'0';
    printf("%d\n",s);
}
```

   A. 12ba56　　　　B. 6521　　　　　　C. 6　　　　　　　D. 62

38. 设有如下定义：

   char *aa[2]={"abcd","ABCD"};

   则以下说法中正确的是（　　　）。

   A. aa 数组成元素的值分别是"abcd"和 ABCD"

   B. aa 是指针变量，它指向含有两个数组元素的字符型一维数组

   C. aa 数组的两个元素分别存放的是含有 4 个字符的一维字符数组的首地址

   D. aa 数组的两个元素中各自存放了字符'a'和'A'的地址

39. 对两个静态函数 A 和 B 进行如下初始化。

   static char A[]="ABCDEF";

   static char B[]={'A','B','C','D','E','F'};

   则下列叙述正确的是（　　　）。

   A. A 数组长度比 B 数组长　　　　　　B. A 和 B 只是长度相等

   C. A 和 B 完全相同　　　　　　　　　D. A 和 B 不相同，A 是指针数组

40. 运行下面的程序，输出结果是（　　　）。

```
#include <stdio.h>
void main()
{
    unsigned a=32768;
    printf("a=%d\n",a);
}
```

   A. a=32768　　　　B. a=32767　　　　　C. a=-32768　　　　D. a=-1

41. 运行下面的程序，输出结果是（　　　）。

```
#include <stdio.h>
void main()
{
    union{ int *p, *q;}x;
    int a=10,b=20,t;
    x.p=&a,x.q=&b;
    t=*x.p;
    *x.p=*x.q;
    *x.q=t;
    printf("%d,%d",a,b);
}
```

   A. 10, 20　　　　B. 20, 10　　　　　C. 10, 10　　　　　D. 20, 20

42. 设有如下定义：

   int (*ptr)*();

   则以下叙述中正确的是（　　　）。

   A. ptr 是指向一维组数的指针变量

B．ptr 是指向 int 型数据的指针变量

C．ptr 是指向函数的指针，该函数返回一个 int 型数据

D．ptr 是一个函数名，该函数的返回值是指向 int 型数据的指针

43．运行下面的程序，输出结果是（　　　）。

```c
#include <stdio.h>
void main()
{
  int x[2][2]={1,2,3,4},y[2][2]={4,5,6,7};
  int i,j;
  for(i=0;i<2;i++)
  for(j=0;j<2;j++)
  *(&x[0][0]+i*2+j)+=(*(y+1-i))[1-j];
  for (i=0;i<2;i++)
  for(j=0;j<2;j++)
  printf("%d,",x[i][j]);
}
```

A．8,8,8,8,　　　　B．5,7,9,11,　　　　C．5,8,8,11,　　　　D．6,6,10,10,

44．运行下面的程序，输出结果是（　　　）。

```c
#include <stdio.h>
void main()
{
    char a[7]="a0\0a0\0";int i,j;
    i=sizeof(a); j=strlen(a);
    printf("%d %d\n",i,j);
}
```

A．2　　2　　　　B．7　　6　　　　C．7　　2　　　　D．6　　2

45．运行下面的程序，输出结果是（　　　）。

```c
#include <stdio.h>
#define PT 5.5
#define S(x) PT*x*x
void main()
{
  int a=1, b=2;
  printf("%4.1f\n",S(a+b);
}
```

A．49.5　　　　　B．9.5　　　　　C．22.0　　　　　D．45.0

46．运行下面的程序，输出结果是（　　　）。

```c
#include <stdio.h>
void exp(int a,int *b)
{*b=-a*a+2*(a++)+1;
}
void main( )
{
  int x=4,y=5;
  exp(x,&y);
  printf("\n%d,%d",x,y);
}
```

A. 4,5   B. 6,-7   C. 6,5   D. 4,-7

47. 以下函数调用不正确的是（   ）。

    A. fopen(fp)   B. s=gets(str)   C. fclose(fp);   D. putchar(putchar(' '))

48. 运行下面的程序，输出结果是（   ）。

```
#include <stdio.h>
void main()
{
  int i,j,x=0;
  for(i=0;i<2;i++)
  {
      x ++;
      for(j=0;j<3;j++)
      {
          if(j%2)continue;
          x++;
      }
      x++;
   }
  printf("x=%d\n",x);
}
```

    A. x=4   B. x=8   C. x=6   D. x=12

49. 运行下面的程序，输出结果是（   ）。

```
#include <stdio.h>
void main()
{
  int y=10;
  while (y--);
  printf("y=%d",y);
}
```

    A. y=0   B. y=-1   C. y=随机值   D. y=1

50. 运行下面的程序，输出结果是（   ）。

```
#include <stdio.h>
fut (int**s,int p[2][3])
{
  **s=p[1][1];
}
void main()
{
  int a[2][3]={1,3,5,7,9,11},*p;
  p=(int*)malloc(sizeof(int));
  fut(&p,a);
  printf("%d\n",*p);
}
```

    A. 1   B. 7   C. 9   D. 11

二、填空题（每空 4 分，共 40 分）

请将每空的正确答案写在横线上。

1. 以下程序运行后的输出结果是＿＿＿＿（1）＿＿＿＿。

```c
#include <stdio.h>
void main()
{
    int p=30;
    printf("%d\n",(p/3>0?p/10:p%3));
}
```

2. 有以下语句段：

```c
int n1=10,n2=20;
printf("___(2)___",n1.n2);
```

要求按以下格式输出 n1 和 n2 的值，每个输出行从第一列开始，请填空。

```
n1=10
n2=20
```

3. 有以下程序，执行后输出结果是＿＿＿＿（3）＿＿＿＿。

```c
#include <stdio.h>
void main()
{
  int n=0,m=1,x=2;
  if(!n)  x-=1;
  if(m)  x-=2;
  if(x)  x-=3;
  printf("%d\n",x);
}
```

4. 有以下程序，执行后输出的结果是＿＿＿＿（4）＿＿＿＿。

```c
#include <stdio.h>
void f( int y,int *x)
{
    y=y+*x;
    *x=*x+y;
}
void main()
{
    int x=2,y=4;
    f(y,&x);
    printf("%d   %d\n",x,y);
}
```

5. 以下程序运行后的输出结果是＿＿＿＿（5）＿＿＿＿。

```c
#include <stdio.h>
void main()
{
  int i,n[]={0,0,0,0,0};
  for(i=1;i<=4;i++)
  {
    n[i]=n[i-1]*2+1;
    printf("%d ",n[i]);
  }
}
```

6. 下面 rotate 函数的功能是：将 n 行 n 列的矩阵 A 转置为 A'，例如：

$$A = \begin{bmatrix} 1 & 2 & 3 & 4 \\ 5 & 6 & 7 & 8 \\ 9 & 10 & 11 & 12 \\ 13 & 14 & 15 & 16 \end{bmatrix} \qquad A' = \begin{bmatrix} 1 & 5 & 9 & 13 \\ 2 & 6 & 10 & 14 \\ 3 & 7 & 11 & 15 \\ 4 & 8 & 12 & 16 \end{bmatrix}$$

请填空.

```c
#define   N   4
void  rotate(int a[][N])
{
  int i,j,t;
  for(i=0;i<N;i++)
    for(j=0;___(6)___;j++)
    {
      t=a[i][j];
      ___(7)___;
      a[j][i]=t;
    }
}
```

7. 请在以下程序第一行的下画线处填写适当内容，使程序能正确运行。

```c
___(8)___ ( double,double);
#include <stdio.h>
void main()
{
  double x,y;
  scanf("%lf%lf",&x,&y);
  printf("%lf\n",max(x,y));
}
double max(double a,double b)
{
  return(a>b ? a:b);
}
```

8. 下面程序的运行结果是：___(9)___。

```c
#include <stdio.h>
int f( int a[], int n)
{
  if(n>1) return a[0]+f(&a[1],n-1);
  else    return a[0];
}
void main()
{
  int aa[3]={1,2,3},s;
  s=f(&aa[0],3);
  printf("%d\n",s);
}
```

9. 以下程序的运行结果是___(10)___。

```c
#include <stdio.h>
#include <string.h>
typedef struct student{
                char name[10];
                long sno;
```

```
                        float score;
                    } STU;
void main()
{
  STU a={"zhangsan",2001,95},b={"Shangxian",2002,90},
  c={"Anhua",2003,95},d,*p=&d;
  d=a;
  if(strcmp(a.name,b.name)>0)   d=b;
  if(strcmp(c.name,d.name)>0)   d=c;
  printf("%ld%s\n",d.sno,p->name);
}
```

4-1-8 笔试模拟试题四参考答案

一、选择题

1. A   2. C   3. D   4. C   5. C   6. D   7. C   8. D   9. B

10. A   11. C   12. C   13. C   14. C   15. B   16. C   17. D   18. D

19. C   20. B   21. B   22. B   23. B   24. D   25. B   26. C   27. D

28. D   29. C   30. B   31. A   32. C   33. B   34. D   35. C   36. B

37. C   38. D   39. A   40. C   41. A   42. A   43. A   44. A   45. B

46. D   47. A   48. B   49. B   50. C

二、填空题

1.（1）3

2.（2）n1=%d\nn2=%d

3.（3）−4

4.（4）8 4

5.（5）1 3 7 15

6.（6）j<=i

（7）a[i][j]=a[j][i]

7.（8）double max

8.（9）6

9.（10）2002Shangxian

4-2 上机模拟试题及参考答案

说明：填空题（30分）、改错题（30分）和编程题（40分），共计100分，测试时间60分钟。

4-2-1 上机模拟试题一

一、填空题

1. 以下 sum(int n)函数完成计算 1~n 的累加和，请填空实现。

```
sum(int n)
{
```

```
   if(n<=0) printf("data error\n");
   if (n==1)    (1)   ;
   else    (2)   ;
}
```

2．下面的程序用来求数组 a 各元素的平均值，请填空。

```
#include <stdio.h>
float avr(int *pa,int n)
{
    float avg=0.0;
    int i;
    for(i=0;i<n;i++)
      avg=avg+   (3)   ;
    avg=   (4)   ;
    return avg;
}
void main()
{
    int a[5]={2,4,6,8,10};
    float average;
    average=   (5)   ;
    printf("average=%f\n",average );
}
```

二、改错题

下面程序中函数 fun 的功能是：根据整型形参 m，计算如下公式的值：$y=1+1/2!+1/3!+1/4!+\cdots+1/m!$。例如，若 m=6，则应输出：1.718056。

请改正函数 fun 中的错误，使它能得出正确的结果。注意，不要改动 main 函数，不得增加行或删除行，也不得更改程序的结构。

```
#include <conio.h>
#include <stdio.h>
double fun(int m)              /* 错误在 fun 函数中 */
{
   int y=1,t=1;
   int i;
   for(i=2;i<=m;i++)
   {
     t=t*1/i;
     y+=t;
   }
   return(y);
}
void main()
{
   int n;
   printf("Enter n: ");
   scanf("%d", &n);
   printf("\nThe result is %1f\n", fun(n));
}
```

三、编程题

请编一个函数 void invert (int *p,int k,int j)，它的功能是：按逆序重新放置 x 数组中元素的值。x 数组元素的值在 main 函数中从键盘读入。

请不要改动主函数 main 中的任何内容，仅在 invert 函数的花括号中填入编写的若干语句。

```c
#include <stdio.h>
#define  NUM  10
void invert(int  *p,int  k,  int j)
{
    /*********** answer begin ***************/



    /*********** answer  end  ***************/}
void main()
{
    int  x[NUM],k;
    printf ("Enter 10 integers:\n");
    for (k=0;k<NUM;k++)
        scanf("%d",x+k);
    invert (x,0,NUM-1);
    printf("The 10 inverted number are:\n");
    for(k=0;k<NUM ;k++)
        printf ("%5d",x[k]);
    printf ("\n");
}
```

4-2-2   上机模拟试题一参考答案

一、填空题

1.（1）return(1)   （2）return(sum(n-1)+n)

2.（3）pa[i]或*(pa+i)   （4）avg/n   （5）avr(a,5)

二、改错题

对 fun 子程序进行修改，修改以后的程序如下：

```c
double fun(int m)
{
    double y=1,t=1;
    int i;
    for(i=2;i<=m;i++)
    {
        t=t*1.0/i;
        y+=t;
    }
    return(y);
}
```

三、编程题

在 invert 函数中添加程序段如下：

```
int temp;
if (k<j)
{
  temp=*(p+k);
  *(p+k)=*(p+j);
  *(p+j)=temp;
  invert(p,k+1,j-1);
}
```

4-2-3 上机模拟试题二

一、填空题

1. 下面程序中函数 fun 的功能是求两个自然数 m 与 n 之比，请填空完成下面的程序。
```
#include <stdio.h>
main()
{
  int m,n;
  clrscr();
  do{printf("\nPlease enter tow narural numbers m and n:");
    scanf("___(1)___",___(2)___,___(3)___);}
  while(m<=0||n<=0);
    printf("给定自然数%d与%d之比为___(4)___\n",m,n,___(5)___*m/n);
}
```

二、改错题

给定程序中函数 fun 的功能是：先从键盘上输入一个 3 行 3 列矩阵的各个元素的值，然后输出对角线元素之和。请改正函数 fun 中的错误，使它能得出正确的结果。注意，不要改动 main 函数，不得增加行或删除行，也不得更改程序的结构。
```
#include <stdio.h>
int fun()
{
  int a[3][3],sum;
  int i,j;
  sum=0
  for (i=0;i<3;i++)
  {
   for (j=0;j<3;j++)
   scanf("%d",a[i][j]);
  }
  for (i=0;i<3;i++)
    sum=sum+a[i][i];
  printf("sum=%d\n",sum);
}
void main()
{
  fun();
}
```

三、编程题

请编一个函数 void sort(char **q)，它的功能是：对 5 个字符串进行排序。5 个字符串由主函数

main 通过键盘输入。

不改动 main 函数中的任何内容，仅在 sort 函数的花括号中填入编写的若干语句。

```c
#include <stdio.h>
#include <string.h>
#define  MAXLENGTH 20
void sort (char  ** q)
{/*********** answer begin ***************/


/*********** answer  end  **************/}
void main()
{
  int k;
  char  **q,*qs[5],s[5][MAXLENGTH];
  for(k=0;k<5;k++)
   qs[k]=s[k];
  printf ("Enter 5 strings(1string on each line )\n");
  for (k=0;k<5;k++)
   scanf("%s",qs[k]);
  q=qs;
  sort(q);
  printf("The sorted strings are:\n");
  for (k=0;k<5;k++)
   printf ("%s\n",qs[k]);
}
```

4-2-4　上机模拟试题二参考答案

一、填空题

1.（1）%d%d　　（2）&m　　　（3）&n　　　（4）%f　　　（5）1.0

二、改错题

程序第 5 行 "sum=0"，更正为 "sum=0;"。

程序第 8 行 "scanf("%d",a[i][j]);"，更正为 "scanf("%d",&a[i][j]);"。

三、编程题

在 sort 函数中添加程序段如下：

```c
int k,j;
char *temp;
for(k=0;k<5;k++)
{
  for (j=k+1;j<5;j++)
    if ( strcmp( *(q+k),*(q+j) ) >0)
      {
        temp=*(q+k);
        *(q+k)= *(q+j);
        *(q+j)=temp;
      }
}
```

4-2-5　上机模拟试题三

一、填空题

1. 下列函数是求一个字符串 str 的长度，请填空。

```
int strlen(str)
char *str;
{
    if (___(1)___)  return(0);
    else  return (___(2)___)
}
```

2. 下面的函数是一个求阶乘的递归调用函数，请填空。

```
facto(int n)
{
    if() (n==1) ___(3)___ ;
    else return( ___(4)___ );
}
```

二、改错题

下面程序中 fun 函数的功能是：计算整数 n 的阶乘。

请改正程序中的错误，使它能计算出正确的结果。

注意，不要改动 main 函数，不得增加行或删除行，也不得更改程序的结构。

```
#include <stdio.h>
double fun(int n)
{
    double result =1.0;
    while (n>1&&n <170)
    result *=--n;
    return;
}
void main()
{
    int n;
    clrscr();
    printf ("Enter an integer:");
    scanf("%d",&n);
    printf("\n\n%d!=%1g\n\n",n,fun(n));
}
```

三、编程题

请编一个函数 int fun(int pm)，它的功能是：判断 pm 是否是素数。若 pm 是素数，返回 1；若不是素数，返回 0。pm 的值由主函数从键盘读入。

请勿改动主函数 main 和其他函数中的任何内容，仅在 fun 函数的花括号中填入编写的若干语句。

```
#include <conio.h>
#include <stdio.h>
#include <math.h>
int fun(int a)
{
    /*********** answer begin ***************/
```

```
    /*********** answer  end  ***************/
}
void main()
{
    int x;
    clrscr();
    printf("\nPlease enter a number:");
    scanf("%d", &x);
    printf("%d\n", fun(x));
}
```

4-2-6　上机模拟试题三参考答案

一、填空题

1.（1）*str=='\n'　　　　（2）1+strlen(str+1)

2.（3）return(1)　　　　（4）n*facto(n−1)

二、改错题

程序第 5 行 "result *=− −n ;"，更正为 "result*=n−−;"。

程序第 6 行 "return;"，更正为 "return result;"。

三、编程题

在 fun 函数中添加程序段如下：

```
int i;
if(a==2) return 1;
    i=2;
while ((a%i)!=0&& i<=sqrt((float)a)) i++;
if ((a%i)==0)
{
    printf("%d not is a prime!",a);
    return 0;
}
printf("%d is a prime!",a);
return 1;
```

4-2-7　上机模拟试题四

一、填空题

下面程序的功能是：从键盘上输入一行字符，存入一个字符数组中，然后输出该字符串，请填空。

```
#include <stdio.h>
void main()
{
    char str[81],*sptr;
    int i;
    for(i=0;i<80;i++)
    {
```

```
        str[i]=getchar();
        if (str[i]=='\n') break;
    }
    str[i]=   (1)   ;
    sptr=str;
    while(*sptr)
    putchar(*sptr   (2)   );
}
```

请填空完成程序, 使它能计算出 1!+2!+3!+4!+5!的值。

```
#include <stdio.h>
int i,j;
long p,s;
void main()
 {
    s=0;
    for (   (3)   )
    {
      p=1;
      for (   (4)   )
        p=p*j;
      s=s+p;
    }
    printf("1!+2!+3!+4!+5!=%ld",s);
}
```

二、改错题

下列程序的功能是计算 2/1+3/2+5/3+8/5+13/8+21/13…前 n 项之和。

例如, 若 n=5, 则应输出 8.3916667。

请改正 fun 函数中的错误, 使它能计算出正确的结果。

注意, 不要改正 main 函数, 不得增加行或删除行, 也不得更改程序的结构。

```
#include <stdio.h>
fun (int n)
{
  int a,b,c,k;
  double s;
  s=0.0;a=2;b=1;
  for (k=1;k<=n;k++)
  {
    s=s+(double)a/(Double)b;
    c=a;a=a+b;b=c;
  }
  return s;
  }
void main()
{
    int n=5;
    printf ("The value of function is%lf\n",fun(n));
}
```

三、编程题

编写程序，要求在主函数中输入一个字符串，子函数将该字符串中的大写字母转换成小写字母，小写字母转换成大写字母，其他字符不变，并将转换后的字符串返回主程序。

4-2-8　上机模拟试题四参考答案

一、填空题

1.（1）0 或'\0'　　　　　　（2）++
2.（3）i=1;i<=5;i++　　　　（4）j=1;j<=i;j++

二、改错题

程序第 2 行"fun (int n)"更改为"double fun (int n)"。

程序第 8 行"s=s+(double)a/(Double)b;"更改为"s=s+(double)a/(double)b;"。

三、编程题

程序清单如下：

```
#include <stdio.h>
void convert(char *str)
{
  int i,j,k;
  do
  {
    if(*str>='A'&&*str<='Z')
      *str+=32;
    else
      if(*str>='a'&&*str<='z')
        *str-=32;
  } while(*str++);
}
void main()
{
  char s[80];
  gets(s);
  convert(s);
  puts(s);
}
```

第 5 章　习题与解答

本章提供 50 个经典习题以及程序源代码供读者参考学习之用。

【习题 1】有 1、2、3、4 个数字，能组成多少个互不相同且无重复数字的三位数？都是多少？

解答：

1. 程序分析：可填在百位、十位、个位的数字都是 1、2、3、4。组成所有的排列后再去掉不满足条件的排列。

2. 程序源代码如下：

```
#include <stdio.h>
void main()
{
    int i,j,k;
    printf("\n");
    for(i=1;i<5;i++)                /*以下为三重循环*/
       for(j=1;j<5;j++)
         for (k=1;k<5;k++)
         {
             if (i!=k&&i!=j&&j!=k)  /*确保 i、j、k 三位互不相同*/
             printf("%d,%d,%d\n",i,j,k);
         }
}
```

【习题 2】企业发放的奖金根据利润提成。利润（I）低于或等于 10 万元时，奖金可提 10%；利润高于 10 万元，低于 20 万元时，低于 10 万元的部分按 10%提成，高于 10 万元的部分，可提成 7.5%；20 万到 40 万之间时，高于 20 万元的部分，可提成 5%；40 万到 60 万之间时高于 40 万元的部分，可提成 3%；60 万到 100 万之间时，高于 60 万元的部分，可提成 1.5%，高于 100 万元时，超过 100 万元的部分按 1%提成，从键盘输入当月利润 I，求应发放奖金总数？

解答：

1. 程序分析：请利用数轴来分界，定位。注意定义时需把奖金定义成长整型。

2. 程序源代码如下：

```
#include <stdio.h>
void main()
{
    long int i;
    int bonus1,bonus2,bonus4,bonus6,bonus10,bonus;
    scanf("%ld",&i);
    bonus1=100000*0.1;
    bonus2=bonus1+100000*0.75;
    bonus4=bonus2+200000*0.5;
    bonus6=bonus4+200000*0.3;
```

```
    bonus10=bonus6+400000*0.15;
    if(i<=100000)
        bonus=i*0.1;
    else if(i<=200000)
      bonus=bonus1+(i-100000)*0.075;
        else if(i<=400000)
          bonus=bonus2+(i-200000)*0.05;
            else if(i<=600000)
              bonus=bonus4+(i-400000)*0.03;
                else if(i<=1000000)
                  bonus=bonus6+(i-600000)*0.015;
                    else
                      bonus=bonus10+(i-1000000)*0.01;
    printf("bonus=%d",bonus);
}
```

【习题 3】一个整数，它加上 100 后是一个完全平方数，再加上 168 又是一个完全平方数，请问该数是多少？

解答：

1. 程序分析：在 10 万以内判断，先将该数加上 100 后再开方，再将该数加上 268 后再开方，如果开方后的结果满足如下条件，即是结果。请看具体分析：

2. 程序源代码如下：

```
#include <stdio.h>
#include <math.h>
void main()
{
    long int i,x,y,z;
    for (i=1;i<100000;i++)
    {
        x=sqrt(i+100);          /*x 为原数加上 100 后开方后的结果*/
        y=sqrt(i+268);          /*y 为 x 再加上 168 后开方后的结果*/
        if(x*x==i+100&&y*y==i+268)   /*如果一个数的平方根的平方等于该数，
                                     这说明此数是完全平方数*/
            printf("\n%ld\n",i);
    }
}
```

【习题 4】输入某年某月某日，判断这一天是这一年的第几天？

解答：

1. 程序分析：以 3 月 5 日为例，应该先把前两个月的加起来，然后再加上 5 天即本年的第几天，特殊情况，闰年且输入月份大于 3 时需考虑多加一天。

2. 程序源代码如下：

```
#include <stdio.h>
void main()
{
    int day,month,year,sum,leap;
    printf("\nplease input year,month,day\n");
    scanf("%d,%d,%d",&year,&month,&day);
    switch(month)  /*先计算某月以前月份的总天数*/
```

```
    {
        case 1:sum=0;break;
        case 2:sum=31;break;
        case 3:sum=59;break;
        case 4:sum=90;break;
        case 5:sum=120;break;
        case 6:sum=151;break;
        case 7:sum=181;break;
        case 8:sum=212;break;
        case 9:sum=243;break;
        case 10:sum=273;break;
        case 11:sum=304;break;
        case 12:sum=334;break;
        default:printf("data error");break;
    }
    sum=sum+day;                                    /*再加上某天的天数*/
    if(year%400==0||(year%4==0&&year%100!=0))       /*判断是不是闰年*/
        leap=1;
    else
        leap=0;
    if(leap==1&&month>2)   /*如果是闰年且月份大于2,总天数应该加一天*/
        sum++;
    printf("It is the %dth day.",sum);
}
```

【习题 5】输入三个整数 x、y、z，请把这三个数由小到大输出。

解答：

1. 程序分析：把最小的数放到 x 上，先将 x 与 y 进行比较，如果 x>y 则将 x 与 y 的值进行交换，然后再用 x 与 z 进行比较，如果 x>z 则将 x 与 z 的值进行交换，这样能使 x 最小。

2. 程序源代码如下：

```
#include <stdio.h>
void main()
{
    int x,y,z,t;
    scanf("%d%d%d",&x,&y,&z);
    if (x>y)
        {t=x;x=y;y=t;} /*交换x,y的值*/
    if(x>z)
        {t=z;z=x;x=t;} /*交换x,z的值*/
    if(y>z)
        {t=y;y=z;z=t;} /*交换z,y的值*/
    printf("small to big: %d %d %d\n",x,y,z);
}
```

【习题 6】用*号输出字母 C 的图案。

解答：

1. 程序分析：可先用'*'号在纸上写出字母 C，再分行输出。

2. 程序源代码如下：

```
#include <stdio.h>
```

```
void main()
{
    printf("Hello C-world!\n");
    printf(" ****\n");
    printf(" *\n");
    printf(" * \n");
    printf(" ****\n");
}
```

【习题 7】输出特殊图案，请在 C 环境中运行。

解答：

1. 程序分析：字符共有 256 个。不同字符，图形不一样。

2. 程序源代码如下：

```
#include <stdio.h>
void main()
{
    char a=176,b=219;
    printf("%c%c%c%c%c\n",b,a,a,a,b);
    printf("%c%c%c%c%c\n",a,b,a,b,a);
    printf("%c%c%c%c%c\n",a,a,b,a,a);
    printf("%c%c%c%c%c\n",a,b,a,b,a);
    printf("%c%c%c%c%c\n",b,a,a,a,b);
}
```

【习题 8】输出 9×9 乘法表。

解答：

1. 程序分析：分行与列考虑，共 9 行 9 列，i 控制行，j 控制列。

2. 程序源代码如下：

```
#include <stdio.h>
void main()
{
    int i,j,result;
    printf("\n");
    for (i=1;i<10;i++)
    {
        for(j=1;j<10;j++)
        {
            result=i*j;
            printf("%d*%d=%-3d",i,j,result); /*-3d 表示左对齐，占 3 位*/
        }
        printf("\n"); /*每一行后换行*/
    }
}
```

【习题 9】要求输出国际象棋棋盘。

解答：

1. 程序分析：用 i 控制行，j 来控制列，根据 i+j 的和的变化来控制输出黑方格，还是白方格。

2. 程序源代码如下：

```
#include <stdio.h>
```

```
void main()
{
    int i,j;
    for(i=0;i<8;i++)
      {
        for(j=0;j<8;j++)
          if((i+j)%2==0)
            printf("%c%c",219,219);
          else
            printf("  ");
        printf("\n");
      }
}
```

【习题 10】古典问题：有一对兔子，从出生后第 3 个月起每个月都生一对兔子，小兔子长到第三个月后每个月又生一对兔子，假如兔子都不死，问每个月的兔子总数为多少？

解答：

1. 程序分析：兔子的规律为数列 1,1,2,3,5,8,13,21....

2. 程序源代码如下：

```
#include <stdio.h>
void main()
{
    long f1,f2;
    int i;
    f1=f2=1;
    for(i=1;i<=20;i++)
    {
        printf("%12ld %12ld",f1,f2);
        if(i%2==0) printf("\n");          /*控制输出，每行四个*/
        f1=f1+f2;                         /*前两个月加起来赋值给第三个月*/
        f2=f1+f2;                         /*前两个月加起来赋值给第三个月*/
    }
}
```

【习题 11】判断 101～200 之间有多少个素数，并输出所有素数。

解答：

1. 程序分析：判断素数的方法为用一个数分别去除 2 到 sqrt（当前数），如果能被整除，则表明此数不是素数，反之是素数。

2. 程序源代码如下：

```
#include <stdio.h>
#include <math.h>
void main()
{
    int m,i,k,h=0,leap=1;
    printf("\n");
    for(m=101;m<=200;m++)
    {
        k=sqrt(m+1);
        for(i=2;i<=k;i++)
```

```
        if(m%i==0)
        {
            leap=0;
            break;
        }
    if(leap)
    {
        printf("%-4d",m);
        h++;
        if(h%10==0)
            printf("\n");
    }
    leap=1;
    }
    printf("\nThe total is %d",h);
}
```

【习题 12】打印出所有的"水仙花数"，所谓"水仙花数"是指一个三位数，其各位数字立方和等于该数本身。例如：153 是一个"水仙花数"，因为 $153=1^3+5^3+3^3$。

解答：

1. 程序分析：利用 for 循环控制 100~999 个数，每个数分解出个位，十位，百位。

2. 程序源代码如下：

```
#include <stdio.h>
void main()
{
    int i,j,k,n;
    printf("'water flower'number is:");
    for(n=100;n<1000;n++)
    {
        i=n/100;        /*分解出百位*/
        j=n/10%10;      /*分解出十位*/
        k=n%10;         /*分解出个位*/
        if(i*100+j*10+k==i*i*i+j*j*j+k*k*k)
            printf("%-5d",n);
    }
}
```

【习题 13】将一个正整数分解质因数。例如：输入 90，打印出 90=2*3*3*5。

解答：

1. 程序分析：对 n 进行分解质因数，应先找到一个最小的质数 k，然后按下述步骤完成：

（1）如果这个质数恰等于 n，则说明分解质因数的过程已经结束，打印出即可。

（2）如果 n<k，但 n 能被 k 整除，则应打印出 k 的值，并用 n 除以 k 的商，作为新的正整数 n，重复执行第一步。

（3）如果 n 不能被 k 整除，则用 k+1 作为 k 的值，重复执行第一步。

2. 程序源代码如下：

```
#include <stdio.h>
void main()
```

```
{
    int n,i;
    printf("\nplease input a number:\n");
    scanf("%d",&n);
    printf("%d=",n);
    for(i=2;i<=n;i++)
      while(n!=i)
        {
          if(n%i==0)
           {
             printf("%d*",i);
             n=n/i;
           }
          else
            break;
        }
    printf("%d",n);
}
```

【习题 14】利用条件运算符的嵌套来完成此题：学习成绩>=90 分的同学用 A 表示，60 ~ 89 分之间的用 B 表示，60 分以下的用 C 表示。

解答：

1. 程序分析：(a>b)?a:b 这是条件运算符的基本例子。

2. 程序源代码如下：

```
#include <stdio.h>
void main()
{
    int score;
    char grade;
    printf("please input a score\n");
    scanf("%d",&score);
    grade=score>=90?'A':(score>=60?'B':'C');
    printf("%d belongs to %c",score,grade);
}
```

【习题 15】输入两个正整数 m 和 n，求其最大公约数和最小公倍数。

解答：

1. 程序分析：利用辗除法。

2. 程序源代码如下：

```
#include <stdio.h>
void main()
{
    int a,b,num1,num2,temp;
    printf("please input two numbers:\n");
    scanf("%d,%d",&num1,&num2);
    if(num1<num2)/*交换两个数，使大数放在 num1 上*/
    {
        temp=num1;
        num1=num2;
```

```
        num2=temp;
     }
     a=num1;b=num2;
     while(b!=0)/*利用辗除法，直到 b 为 0 为止*/
     {
        temp=a%b;
        a=b;
        b=temp;
     }
     printf("gongyueshu:%d\n",a);
     printf("gongbeishu:%d\n",num1*num2/a);
}
```

【习题 16】输入一行字符，分别统计出其中英文字母、空格、数字和其他字符的个数。

解答：

1. 程序分析：利用 while 语句，条件为输入的字符不为'\n'。
2. 程序源代码如下：

```
#include <stdio.h>
void main()
{
   char c;
   int letters=0,space=0,digit=0,others=0;
   printf("please input some characters\n");
   while((c=getchar())!='\n')
    {
       if(c>='a'&&c<='z'||c>='A'&&c<='Z')
           letters++;
       else if(c==' ')
               space++;
            else if(c>='0'&&c<='9')
                    digit++;
                else
                    others++;
    }
   printf("all in all:char=%d space=%d digit=%d others=%d\n",letters,
   space,digit,others);
}
```

【习题 17】求 s=a+aa+aaa+aaaa+aa...a 的值，其中 a 是一个数字。

例如 2+22+222+2222+22222（此时共有 5 个数相加），几个数相加由键盘控制。

解答：

1. 程序分析：关键是计算出每一项的值。
2. 程序源代码如下：

```
#include <stdio.h>
void main()
{
   int a,n,count=1;
   long int sn=0,tn=0;
   printf("please input a and n\n");
```

```
    scanf("%d,%d",&a,&n);
    printf("a=%d,n=%d\n",a,n);
    while(count<=n)
      {
        tn=tn+a;
        sn=sn+tn;
        a=a*10;
        ++count;
      }
    printf("a+aa+...=%ld\n",sn);
}
```

【习题 18】一个数如果恰好等于它的因子之和，这个数就称为"完数"。

例如 6=1+2+3。编程找出 1000 以内的所有完数。

解答：

1. 程序分析：（略）。

2. 程序源代码如下：

```
#include <stdio.h>
void main()
{
    static int k[10];
    int i,j,n,s;
    for(j=2;j<1000;j++)
    {
        n=-1;
        s=j;
        for(i=1;i<j;i++)
        {
            if((j%i)==0)
            {
                n++;
                s=s-i;
                k[n]=i;
            }
        }
        if(s==0)
        {
            printf("%d is a wanshu",j);
            for(i=0;i<n;i++)
            printf("%d,",k[i]);
            printf("%d\n",k[n]);
        }
    }
}
```

【习题 19】一球从 100m 高度自由落下，每次落地后反跳回原高度的一半；再落下，求它第 10 次落地时，共经过多少米？第 10 次反弹多高？

解答：

1. 程序分析：见下面注释

2．程序源代码如下：

```c
#include <stdio.h>
void main()
{
    float sn=100.0,hn=sn/2;
    int n;
    for(n=2;n<=10;n++)
     {
        sn=sn+2*hn;    /*第 n 次落地时共经过的米数*/
        hn=hn/2;       /*第 n 次反跳高度*/
     }
    printf("the total of road is %f\n",sn);
    printf("the tenth is %f meter\n",hn);
}
```

【习题 20】猴子吃桃问题：猴子第一天摘下若干个桃子，当即吃了一半，还不瘾，又多吃了一个第二天早上又将剩下的桃子吃掉一半，又多吃了一个。以后每天早上都吃了前一天剩下的一半零一个。到第 10 天早上想再吃时，见只剩下一个桃子了。求第一天共摘了多少桃。

解答：

1．程序分析：采取逆向思维的方法，从后往前推断。

2．程序源代码如下：

```c
#include <stdio.h>
void main()
{
    int day,x1,x2;
    day=9;
    x2=1;
    while(day>0)
    {
        x1=(x2+1)*2;/*第一天的桃子数是第 2 天桃子数加 1 后的 2 倍*/
        x2=x1;
        day--;
    }
    printf("the total is %d\n",x1);
}
```

【习题 21】两个乒乓球队进行比赛，各出三人。甲队为 a、b、c 三人，乙队为 x、y、z 三人。已抽签决定比赛名单。有人向队员打听比赛的名单。a 说他不和 x 比，c 说他不和 x、z 比，请编程序找出三队赛手的名单。

解答：

1．程序源代码如下：

```c
#include <stdio.h>
void main()
{
    char i,j,k;    /*i 是 a 的对手，j 是 b 的对手，k 是 c 的对手*/
    for(i='x';i<='z';i++)
      for(j='x';j<='z';j++)
       {
```

```
       if(i!=j)
          for(k='x';k<='z';k++)
           {
               if(i!=k&&j!=k)
               {
                if(i!='x'&&k!='x'&&k!='z')
                   printf("order is a--%c\tb--%c\tc--%c\n",i,j,k);
               }
           }
      }
}
```

【习题 22】打印出如下图案（菱形）。

```
   *
  ***
 *****
*******
 *****
  ***
   *
```

解答：

1. 程序分析：先把图形分成两部分来看待，前四行一个规律，后三行一个规律，利用双重 for 循环，第一重控制行，第二重控制列。

2. 程序源代码如下：

```
#include <stdio.h>
void main()
{
   int i,j,k;
   for(i=0;i<=3;i++)
   {
     for(j=0;j<=2-i;j++)
       printf(" ");
     for(k=0;k<=2*i;k++)
       printf("*");
     printf("\n");
   }
   for(i=0;i<=2;i++)
   {
     for(j=0;j<=i;j++)
       printf(" ");
     for(k=0;k<=4-2*i;k++)
       printf("*");
     printf("\n");
   }
}
```

【习题 23】有一分数序列：2/1，3/2，5/3，8/5，13/8，21/13...
求出这个数列的前 20 项之和。

解答：

1．程序分析：请抓住分子与分母的变化规律。

2．程序源代码如下：

```
#include <stdio.h>
void main()
{
    int n,t,number=20;
    float a=2,b=1,s=0;
    for(n=1;n<=number;n++)
    {
        s=s+a/b;
        t=a;a=a+b;b=t;   /*这部分是程序的关键，请读者猜猜 t 的作用*/
    }
    printf("sum is %9.6f\n",s);
}
```

【习题 24】求 1+2!+3!+...+20!的和。

解答：

1．程序分析：此程序只是把累加变成了累乘。

2．程序源代码如下：

```
#include <stdio.h>
void main()
{
    float n,s=0,t=1;
    for(n=1;n<=20;n++)
    {
        t*=n;
        s+=t;
    }
    printf("1+2!+3!...+20!=%e\n",s);
}
```

【习题 25】利用递归方法求 5!。

解答：

1．程序分析：递归公式为 fn=fn_1*4!。

2．程序源代码如下：

```
#include <stdio.h>
void main()
{
    int i;
    int fact();
    for(i=0;i<5;i++)
    printf("\40:%d!=%d\n",i,fact(i));
}
int fact(j)
int j;
{
    int sum;
    if(j==0)
```

```
        sum=1;
    else
        sum=j*fact(j-1);
    return sum;
}
```

【习题 26】利用递归函数调用方式，将所输入的 5 个字符，以相反顺序打印出来。

解答:

程序源代码如下:

```
#include <stdio.h>
void main()
{
    int i=5;
    void palin(int n);
    printf("\40:");
    palin(i);
    printf("\n");
}
void palin(int n)
{
    char next;
    if(n<=1)
    {
        next=getchar();
        printf("\n\0:");
        putchar(next);
    }
    else
    {
        next=getchar();
        palin(n-1);
        putchar(next);
    }
}
```

【习题 27】练习函数调用。

解答:

程序源代码如下:

```
#include <stdio.h>
void hello_world(void)
{
    printf("Hello, world!\n");
}
void three_hellos(void)
{
    int counter;
    for (counter = 1; counter <= 3; counter++)
        hello_world();/*调用此函数*/
}
void main()
{
```

```
   three_hellos();/*调用此函数*/
}
```

【习题28】 求100之内的素数。

解答：

程序源代码如下：

```c
#include <stdio.h>
#include <math.h>
#define N 101
void main()
{
   int i,j,line,a[N];
   for(i=2;i<N;i++) a[i]=i;
    for(i=2;i<sqrt(N);i++)
      for(j=i+1;j<N;j++)
      {
         if(a[i]!=0&&a[j]!=0)
           if(a[j]%a[i]==0)
             a[j]=0;
      }
   printf("\n");
   for(i=2,line=0;i<N;i++)
   {
      if(a[i]!=0)
      {
       printf("%5d",a[i]);
       line++;
      }
      if(line==10)
      {
        printf("\n");
        line=0;
      }
   }
}
```

【习题29】 对10个数进行排序。

解答：

1. 程序分析：可以利用选择法，即从后9个比较过程中，选择一个最小的与第一个元素交换，下次类推，即用第二个元素与后8个进行比较，并进行交换。

2. 程序源代码如下：

```c
#include <stdio.h>
#define N 10
void main()
{
   int i,j,min,tem,a[N];
   /*input data*/
   printf("please input ten num:\n");
   for(i=0;i<N;i++)
   {
```

```
    printf("a[%d]=",i);
    scanf("%d",&a[i]);
  }
  printf("\n");
  for(i=0;i<N;i++)
    printf("%5d",a[i]);
  printf("\n");
 /*sort ten num*/
  for(i=0;i<N-1;i++)
  {
    min=i;
    for(j=i+1;j<N;j++)
      if(a[min]>a[j])
        min=j;
    tem=a[i];
    a[i]=a[min];
    a[min]=tem;
  }
  /*output data*/
  printf("After sorted \n");
  for(i=0;i<N;i++)
  printf("%5d",a[i]);
}
```

【习题 30】求一个 3×3 矩阵对角线元素之和。

解答：

1. 程序分析：利用双重 for 循环控制输入二维数组，再将 a[i][i]累加后输出。

2. 程序源代码如下：

```
#include <stdio.h>
void main()
{
  float a[3][3],sum=0;
  int i,j;
  printf("please input rectangle element:\n");
  for(i=0;i<3;i++)
    for(j=0;j<3;j++)
      scanf("%f",&a[i][j]);
    for(i=0;i<3;i++)
      sum=sum+a[i][i];
  printf("duijiaoxian he is %6.2f\n",sum);
}
```

【习题 31】有一个已经排好序的数组。现输入一个数，要求按原来的规律将它插入数组中。

解答：

1. 程序分析：首先判断此数是否大于最后一个数，然后再考虑插入中间的数的情况，插入后此元素之后的数，依次后移一个位置。

2. 程序源代码如下：

```
#include <stdio.h>
void main()
```

```
{
  int a[11]={1,4,6,9,13,16,19,28,40,100};
  int temp1,temp2,number,end,i,j;
  printf("original array is:\n");
  for(i=0;i<10;i++)
    printf("%5d",a[i]);
  printf("\n");
  printf("insert a new number:");
  scanf("%d",&number);
  end=a[9];
  if(number>end)
    a[10]=number;
  else
  {
    for(i=0;i<10;i++)
    {
      if(a[i]>number)
      {
        temp1=a[i];
        a[i]=number;
        for(j=i+1;j<11;j++)
        {
          temp2=a[j];
          a[j]=temp1;
          temp1=temp2;
        }
        break;
      }
    }
  }
  for(i=0;i<11;i++)
    printf("%6d",a[i]);
}
```

【习题 32】将一个数组逆序输出。

解答：

1. 程序分析：将第一个数与最后一个数交换，第二个数与例数第二个数交换，依此类推。

2. 程序源代码如下：

```
#include <stdio.h>
#define N 5
void main()
{
  int a[N]={9,6,5,4,1},i,temp;
  printf("\n original array:\n");
  for(i=0;i<N;i++)
    printf("%4d",a[i]);
  for(i=0;i<N/2;i++)
  {
    temp=a[i];
    a[i]=a[N-i-1];
```

```
      a[N-i-1]=temp;
    }
  printf("\n sorted array:\n");
  for(i=0;i<N;i++)
    printf("%4d",a[i]);
}
```

【习题 33】学习使用 auto 定义变量的用法。

解答:

程序源代码如下:

```
#include <stdio.h>
void main()
{
  int i,num;
  num=2;
  for(i=0;i<3;i++)
  {
    printf("\40: The num equal %d \n",num);
    num++;
    {
      auto int num=1;
      printf("\40: The internal block num equal %d \n",num);
      num++;
    }
  }
}
```

【习题 34】宏#define 命令练习 1。

解答:

程序源代码如下:

```
#include <stdio.h>
#define TRUE 1
#define FALSE 0
#define SQ(x) (x)*(x)
void main()
{
  int num;
  int again=1;
  printf("\40: Program will stop if input value less than 50.\n");
  while(again)
  {
    printf("\40:Please input number==>");
    scanf("%d",&num);
    printf("\40:The square for this number is %d \n",SQ(num));
    if(num>=50)
      again=TRUE;
    else
      again=FALSE;
  }
}
```

【习题 35】宏#define 命令练习 2。

解答：

1．程序分析：

2．程序源代码如下：

```
#define LAG >
#define SMA <
#define EQ ==
#include <stdio.h>
void main()
{
  int i=10;
  int j=20;
  if(i LAG j)
     printf("\40: %d larger than %d \n",i,j);
  else if(i EQ j)
          printf("\40: %d equal to %d \n",i,j);
       else if(i SMA j)
               printf("\40:%d smaller than %d \n",i,j);
             else
               printf("\40: No such value.\n");
}
```

【习题 36】学习使用按位与 "&"。

解答：

1．程序分析：0&0=0; 0&1=0; 1&0=0; 1&1=1。

2．程序源代码如下：

```
#include <stdio.h>
void main()
{
  int a,b;
  a=077;
  b=a&3;
  printf("\40: The a & b(decimal) is %d \n",b);
  b&=7;
  printf("\40: The a & b(decimal) is %d \n",b);
}
```

【习题 37】学习使用按位或 "|"。

解答：

1．程序分析：0|0=0; 0|1=1; 1|0=1; 1|1=1。

2．程序源代码如下：

```
#include <stdio.h>
void main()
{
  int a,b;
  a=077;
  b=a|3;
  printf("\40: The a & b(decimal) is %d \n",b);
```

```
    b|=7;
    printf("\40: The a & b(decimal) is %d \n",b);
}
```

【习题 38】学习使用按位异或 "^"。

解答：

1. 程序分析：0^0=0; 0^1=1; 1^0=1; 1^1=0。

2. 程序源代码如下：

```
#include <stdio.h>
void main()
{
    int a,b;
    a=077;
    b=a^3;
    printf("\40: The a & b(decimal) is %d \n",b);
    b^=7;
    printf("\40: The a & b(decimal) is %d \n",b);
}
```

【习题 39】学习使用按位取反 "~"。

解答：

1. 程序分析：~0=1; ~1=0。

2. 程序源代码如下：

```
#include <stdio.h>
void main()
{
    int a,b;
    a=234;
    b=~a;
    printf("\40: The a's 1 complement(decimal) is %d \n",b);
    a=~a;
    printf("\40: The a's 1 complement(hexidecimal) is %x \n",a);
}
```

【习题 40】取一个整数 a 从右端开始的 4～7 位。

解答：

1. 程序分析：可以这样考虑。

（1）先使 a 右移 4 位。

（2）设置一个低 4 位全为 1，其余全为 0 的数。可用~(~0<<4)。

（3）将上面两者进行&运算。

2. 程序源代码如下：

```
#include <stdio.h>
void main()
{
    unsigned a,b,c,d;
    scanf("%o",&a);
    b=a>>4;
    c=~(~0<<4);
    d=b&c;
```

```
    printf("%o\n%o\n",a,d);
}
```

【习题 41】 打印出杨辉三角形（要求打印出 10 行）。

解答：

1．程序分析：

```
          1
          1   1
          1   2   1
          1   3   3   1
          1   4   6   4   1
          1   5   10  10  5   1
                    ...
```

2．程序源代码如下：

```c
#include <stdio.h>
void main()
{
  int i,j;
  int a[10][10];
  printf("\n");
  for(i=0;i<10;i++)
  {
    a[i][0]=1;
    a[i][i]=1;
  }
  for(i=2;i<10;i++)
    for(j=1;j<i;j++)
      a[i][j]=a[i-1][j-1]+a[i-1][j];
  for(i=0;i<10;i++)
  {
    for(j=0;j<=i;j++)
    printf("%5d",a[i][j]);
    printf("\n");
  }
}
```

【习题 42】 输入 3 个数 a、b、c，按大小顺序输出。

解答：

1．程序分析：利用指针方法。

2．程序源代码如下：

```c
#include <stdio.h>
void main()
{
  int n1,n2,n3;
  int *pointer1,*pointer2,*pointer3;
  printf("please input 3 number:n1,n2,n3:");
  scanf("%d,%d,%d",&n1,&n2,&n3);
  pointer1=&n1;
  pointer2=&n2;
  pointer3=&n3;
```

```
  if(n1>n2) swap(pointer1,pointer2);
  if(n1>n3) swap(pointer1,pointer3);
  if(n2>n3) swap(pointer2,pointer3);
  printf("the sorted numbers are:%d,%d,%d\n",n1,n2,n3);
}
swap(p1,p2)
int *p1,*p2;
{
  int p;
  p=*p1;
  *p1=*p2;
  *p2=p;
}
```

【习题 43】写一个函数，求一个字符串的长度，在 main 函数中输入字符串，并输出其长度。

解答：

程序源代码如下：

```
#include <stdio.h>
void main()
{
  int len;
  char *str[20];
  printf("please input a string:\n");
  scanf("%s",str);
  len=length(str);
  printf("the string has %d characters.",len);
}
length(p)
char *p;
{
  int n;
  n=0;
  while(*p!='\0')
  {
    n++;
    p++;
  }
  return n;
}
```

【习题 44】创建一个链表。

解答：

程序源代码如下：

```
/*creat a list*/
#include <stdlib.h>
#include <stdio.h>
struct list
{
  int data;
  struct list *next;
};
```

```
typedef struct list node;
typedef node *link;
void main()
{
  link ptr,head;
  int num,i;
  ptr=(link)malloc(sizeof(node));
  ptr=head;
  printf("please input 5 numbers==>\n");
  for(i=0;i<=4;i++)
  {
    scanf("%d",&num);
    ptr->data=num;
    ptr->next=(link)malloc(sizeof(node));
    if(i==4) ptr->next=NULL;
    else ptr=ptr->next;
  }
  ptr=head;
  while(ptr!=NULL)
  {
    printf("The value is ==>%d\n",ptr->data);
    ptr=ptr->next;
  }
}
```

【习题 45】反向输出一个链表。

解答：

程序源代码如下：

```
/*reverse output a list*/
#include <stdlib.h>
#include <stdio.h>
struct list
{
  int data;
  struct list *next;
};
typedef struct list node;
typedef node *link;
void main()
{
  link ptr,head,tail;
  int num,i;
  tail=(link)malloc(sizeof(node));
  tail->next=NULL;
  ptr=tail;
  printf("\nplease input 5 data==>\n");
  for(i=0;i<=4;i++)
  {
    scanf("%d",&num);
    ptr->data=num;
```

```
      head=(link)malloc(sizeof(node));
      head->next=ptr;
      ptr=head;
    }
   ptr=ptr->next;
   while(ptr!=NULL)
   {
      printf("The value is ==>%d\n",ptr->data);
      ptr=ptr->next;
   }
}
```

【习题 46】连接两个链表。

解答:

程序源代码如下:

```
#include <stdlib.h>
#include <stdio.h>
struct list
{
   int data;
   struct list *next;
};
typedef struct list node;
typedef node *link;
link delete_node(link pointer,link tmp)
{
   if (tmp==NULL) /*delete first node*/
      return pointer->next;
   else
   {
      if(tmp->next->next==NULL)/*delete last node*/
         tmp->next=NULL;
      else /*delete the other node*/
         tmp->next=tmp->next->next;
      return pointer;
   }
}
void selection_sort(link pointer,int num)
{
   link tmp,btmp;
   int i,min;
   for(i=0;i<num;i++)
   {
      tmp=pointer;
      min=tmp->data;
      btmp=NULL;
      while(tmp->next)
      {
         if(min>tmp->next->data)
         {
```

```
            min=tmp->next->data;
            btmp=tmp;
        }
        tmp=tmp->next;
    }
    printf("\40: %d\n",min);
    pointer=delete_node(pointer,btmp);
    }
}
link create_list(int array[],int num)
{
    link tmp1,tmp2,pointer;
    int i;
    pointer=(link)malloc(sizeof(node));
    pointer->data=array[0];
    tmp1=pointer;
    for(i=1;i<num;i++)
    {
        tmp2=(link)malloc(sizeof(node));
        tmp2->next=NULL;
        tmp2->data=array[i];
        tmp1->next=tmp2;
        tmp1=tmp1->next;
    }
    return pointer;
}
link concatenate(link pointer1,link pointer2)
{
    link tmp;
    tmp=pointer1;
    while(tmp->next)
        tmp=tmp->next;
    tmp->next=pointer2;
    return pointer1;
}
void main()
{
    int arr1[]={3,12,8,9,11};
    link ptr;
    ptr=create_list(arr1,5);
    selection_sort(ptr,5);
}
```

【习题 47】字符串排序。

解答：

1. 程序分析：分别输入三个字符串，使用 strcmp 函数进行字符串的比较排序，使用 strcpy 函数复制字符串，使用输出语句输出。

2. 程序源代码如下：

```
#include <stdio.h>
#include <string.h>
```

```
void main()
{
    char *str1[20],*str2[20],*str3[20];
    char swap();
    printf("please input three strings\n");
    scanf("%s",str1);
    scanf("%s",str2);
    scanf("%s",str3);
    if(strcmp(str1,str2)>0) swap(str1,str2);
       if(strcmp(str1,str3)>0) swap(str1,str3);
          if(strcmp(str2,str3)>0) swap(str2,str3);
    printf("after being sorted\n");
    printf("%s\n%s\n%s\n",str1,str2,str3);
}
char swap(p1,p2)
char *p1,*p2;
{
    char *p[20];
    strcpy(p,p1);
    strcpy(p1,p2);
    strcpy(p2,p);
}
```

【习题 48】将八进制数转换为十进制数。

解答:

程序源代码如下:

```
#include <stdio.h>
void main()
{
    char *p,s[6];
    int n;
    p=s;
    gets(p);
    n=0;
    while(*(p)!='\0')
    {
        n=n*8+*p-'0';
        p++;
    }
    printf("%d",n);
}
```

【习题 49】两个字符串连接程序。

解答:

1. 程序分析:使用 strcat 函数将两个字符串连接起来。

2. 程序源代码如下:

```
#include <stdio.h>
#include <string.h>
void main()
{
```

```
char a[]="acegikm";
char b[]="bdfhjlnpq";
char c[80],*p;
int i=0,j=0,k=0;
while(a[i]!='\0'&&b[j]!='\0')
{
    if (a[i]<b[j])
    {
        c[k]=a[i];
        i++;
    }
    else
        c[k]=b[j++];
    k++;
}
c[k]='\0';
if(a[i]=='\0')
    p=b+j;
else
    p=a+i;
strcat(c,p);
puts(c);
}
```

【习题 50】从键盘输入一些字符，逐个把它们存到磁盘中，直到输入一个#为止。

解答：

1. 程序分析：使用 fopen 函数打开并创建一个新文件 filename.txt，从键盘输入字符，并写入文件，并在屏幕上输出，当输入 "#" 时，关闭文件。

2. 程序源代码如下：

```
#include <stdio.h>
#include <stdlib.h>
void main()
{
    FILE *fp;
    char ch;
    if((fp=fopen("filename.txt","w"))==NULL)
    {
        printf("cannot open file\n");
        exit(0);
    }
    ch=getchar();
    while(ch!='#')
    {
        fputc(ch,fp);
        putchar(ch);
        ch=getchar();
    }
    fclose(fp);
}
```

附录 A　全国计算机等级考试二级 C 语言考试大纲

一、基本要求

（1）熟悉 Visual C++ 6.0 集成开发环境。

（2）掌握结构化程序设计的方法，具有良好的程序设计风格。

（3）掌握程序设计中简单的数据结构和算法并能阅读简单的程序。

（4）在 Visual C++ 6.0 集成环境下，能够编写简单的 C 程序，并具有基本的纠错和调试程序的能力

二、考试内容

1．C 语言程序的结构

（1）程序的构成，main 函数和其他函数。

（2）头文件、数据说明、函数的开始和结束标志以及程序中的注释。

（3）源程序的书写格式。

（4）C 语言的风格。

2．数据类型及其运算

（1）C 的数据类型（基本类型、构造类型、指针类型、无值类型）及其定义方法。

（2）C 运算符的种类、运算优先级和结合性。

（3）不同类型数据间的转换与运算。

（4）C 表达式类型（赋值表达式、算术表达式、关系表达式、逻辑表达式、条件表达式、逗号表达式）和求值规则。

3．基本语句

（1）表达式语句、空语句、复合语句。

（2）输入输出函数的调用，正确输入数据并正确设计输出格式。

4．选择结构程序设计

（1）用 if 语句实现选择结构。

（2）用 switch 语句实现多分支选择结构。

（3）选择结构的嵌套。

5．循环结构程序设计

（1）for 循环结构。

（2）while 和 do...while 循环结构。

（3）continue 语句和 break 语句。

（4）循环的嵌套。

6. 数组的定义和引用

（1）一维数组和二维数组的定义、初始化和数组元素的引用。

（2）字符串与字符数组。

7. 函数

（1）库函数的正确调用。

（2）函数的定义方法。

（3）函数的类型和返回值。

（4）形式参数与实际参数，参数值传递。

（5）函数的正确调用、嵌套调用、递归调用。

（6）局部变量和全局变量。

（7）变量的存储类别（自动、静态、寄存器、外部），变量的作用域和生存期。

8. 编译预处理

（1）宏定义和调用（不带参数的宏、带参数的宏）。

（2）"文件包含"处理。

9. 指针

（1）地址与指针变量的概念，地址运算符与间址运算符。

（2）一维、二维数组和字符串的地址以及指向变量、数组、字符串、函数、结构体的指针变量的定义。通过指针引用以上各类型数据。

（3）用指针作函数参数。

（4）返回地址值的函数。

（5）指针数组，指向指针的指针。

10. 结构体（即"结构"）与共同体（即"联合"）

（1）用 typedef 说明一个新类型。

（2）结构体和共用体类型数据的定义和成员的引用。

（3）通过结构体构成链表，单向链表的建立，结点数据的输出、删除与插入。

11. 位运算

（1）位运算符的含义和使用。

（2）简单的位运算。

12. 文件操作

只要求缓冲文件系统（即高级磁盘 I/O 系统），对非标准缓冲文件系统（即低级磁盘 I/O 系统）不要求。

（1）文件类型指针（FILE 类型指针）。

（2）文件的打开与关闭（fopen、fclose 函数）。

（3）文件的读写（fputc、fgetc、fputs、fgets、fread、fwrite、fprintf、fscanf 函数的应用），文件的定位（rewind、fseek 函数的应用）。

三、考试方式

（1）笔试：90 分钟，满分 100 分，其中含公共基础知识部分的 30 分。

（2）上机：90 分钟，满分 100 分。

（3）上机操作包括：

① 填空。

② 改错。

③ 编程。

附录 B   全国计算机等级考试公共基础知识考试大纲

一、基本要求

（1）掌握算法的基本概念。

（2）掌握基本数据结构及其操作。

（3）掌握基本排序和查找算法。

（4）掌握逐步求精的结构化程序设计方法。

（5）掌握软件工程的基本方法，具有初步应用相关技术进行软件开发的能力。

（6）掌握数据库的基本知识，了解关系数据库的设计。

二、考试内容

1．基本数据结构与算法

（1）算法的基本概念，算法复杂度的概念和意义（时间复杂度与空间复杂度）。

（2）数据结构的定义，数据的逻辑结构与存储结构，数据结构的图形表示，线性结构与非线性结构的概念。

（3）线性表的定义，线性表的顺序存储结构及其插入与删除运算。

（4）栈和队列的定义，栈和队列的顺序存储结构及其基本运算。

（5）线性单链表、双向链表与循环链表的结构及其基本运算。

（6）树的基本概念，二叉树的定义及其存储结构，二叉树的前序、中序和后序遍历。

（7）顺序查找与二分法查找算法，基本排序算法（交换类排序、选择类排序、插入类排序）。

2．程序设计基础

（1）程序设计方法与风格。

（2）结构化程序设计。

（3）面向对象的程序设计方法、对象、方法、属性及继承与多态性。

3．软件工程基础

（1）软件工程基本概念，软件生命周期概念，软件工具与软件开发环境。

（2）结构化分析方法，数据流图，数据字典，软件需求规格说明书。

（3）结构化设计方法，总体设计与详细设计。

（4）软件测试的方法，白盒测试与黑盒测试，测试用例设计，软件测试的实施，单元测试、集成测试和系统测试。

（5）程序的调试，静态调试与动态调试。

4．数据库设计基础

（1）数据库的基本概念：数据库、数据库管理系统、数据库系统。

（2）数据模型，实体联系模型及 E–R 图，从 E–R 图导出关系数据模型。

（3）关系代数运算，包括集合运算及选择、投影、连接运算，数据库规范化理论。

（4）数据库设计方法和步骤：需求分析、概念设计、逻辑设计和物理设计的相关策略。

三、考试方式

公共基础的考试方式为笔试，与 C 语言的笔试部分合为一张试卷。公共基础知识有 10 道选择题和 5 道填空题。公共基础部分占全卷的 30 分。

附录 C　全国计算机等级考试二级 C 语言应试技巧

由教育部考试中心组织的全国计算机等级考试，是计算机应用水平测试的一种全国性考试，是计算机应用国民基本素质的公开、公正、公平的一种社会性认定。它实行全国范围内"统一命题，统一考试，统一阅卷"的考评方法，采用"先笔试，后上机"的考试形式，采取"笔试成绩、上机考试成绩均合格者，由教育部考试中心统一发给《全国计算机等级考试合格证书》"的颁证方法。

新颁布执行的《全国计算机等级考试大纲》，是全国计算机等级考试"试题命题，考生备考，考场答卷，考场上机，试卷评阅"各项基本工作的总纲与总指导。摆在所有准备参加并渴望顺利通过全国计算机等级考试应考者面前的首要任务，是必须"高度重视，认真学习，仔细领会，全面把握"最重要的应考指南文件。

全国计算机等级考试二级 C 语言程序设计考试总体上分笔试试题和上机试题两类。其中笔试试题包括选择题和填空题两种，上机试题包括填空题、改错题和编程题 3 种。

一、命题原则

全国计算机等级考试大纲明确规定："二级"考试（任何一门语言）由"二级公共基础知识"和"程序设计"两大部分组成，考试内容严格按照"宽口径、厚基础"的原则设计，主要测试考生对该学科的基础理论、基本知识和基本技能的掌握程度，以及运用所学理论和知识解决实际问题的能力。

二、考试要求

由命题规则看来，大纲对考生的知识范围做了相应的要求，并且强调了运用所学理论和知识解决实际问题的能力。这正好反映在笔试和机试两个方面。考生需要掌握基本概念、基本理论和基本知识点，还要综合运用所学知识进行实际应用。可以看出，考生要想通过"二级"考试，要做到理论完备的前提下"学以致用"。详细说明如下：

1. 坚实的理论基础

上文谈到学以致用，应用是建立在理论的基础之上的。这里理论基础是指理论的基本概念、基本原理和基本知识点。二级考试作为一个资格考试，虽然相对于职业程序员考试的专业性不是很强，但是仍然涉及了比较多的概念性的知识点，掌握公共基础知识部分是最基本的。对基础知识考生应该在理解的基础上专心研究，有些标准的概念要用心记忆。理论性的题目一般考察的都是教材中的概念，熟悉课本是很必要的，面对考试，应该做到这部分不丢分。

C语言涉及的知识点很多，但也可以分出类别来，复习时候要重点学好 C 语言的运算符和运算顺序，四种程序结构（顺序结构、分支结构、循环结构和模块化程序结构），其中的模块化程序结构涉及函数实现，数组、结构体、公用体等数据结构，文件操作。应该注意这些部分的联系，有的内容贯穿整个 C 语言学习过程。二级 C 语言考试涉及的算法不会很复杂，所以有必要熟悉常用的算法，如素数识别、冒泡排序等。

2．必要的上机实践

考试大纲要求考生有运用所学理论知识解决实际问题的能力，对于程序开发来说，经常上机练习程序是个很好的习惯。"二级"考试注重对程序设计实际操作能力的考察，经常上机，可以积累一些开发技巧和调试经验。

3．综合运用能力

综合运用能力，是指把理论知识和操作技能综合起来，并能运用知识解决实际问题。综合运用要求把理论和实践结合在一起。C 语言的应用很广，应用软件设计、系统软件设计、硬件设计等方面都有其存在的影子。因此有很多的运用案例。没必要涉及大的案例，一些比较小的程序实现可以接触一下。当然，二级 C 语言考试的综合应用不会太难，考生可以把焦点放在上机实践上。

三、应试策略

因为"二级"考试的内容比较广泛，一门程序语言涉及的知识范围也会很广，考生不要盲目复习，要依据考试大纲和考试要求进行系统的复习，备考时主要应注意以下几个方面。

1．基本知识和理论要稳扎稳打

基础知识涉及的内容很多，哪里是重点，不很容易把握，建议考生参照考试大纲，对自己的复习进行一下规划，制作出一份复习进度表。"二级"考试不同于学校的期末考试，其重点在于实际应用和操作，但是若是没有基础知识点的学习，是谈不上应用的。考生在制定好复习进度表后，最好找一本比较权威的复习教材，之后可以开始相关的复习。复习最忌眼高手低，考生在复习过程中要注意适当的做些习题来巩固理论知识，当然，有条件的可以上机熟悉一下环境，把所学的知识写成程序运行一下，考生尤其要注意正确理解基本概念和原理，一旦发现自己的认识出错，就要刨根问底地查出出错的原因。建议经常性地记录笔记，把自己发现的错误记录下来并且时常翻看。考生在复习过程中要注意总结，这样可以把以前的知识进行一下梳理，也可以专门对一些复杂的知识点做一下研究，看看和已经学到的知识的联系。经常总结，既是一种好的学习方法，又是一种好的记忆手段，有些问题只有通过综合比较、总结提炼才容易在脑海中留下清晰的印象和轮廓。复习往往不是一遍就可以了，要经常回顾以前的知识，熟悉那些经常遗忘的知识点，切忌死记硬背。死记硬背往往会阻碍实践应用。

2．有针对性地选择习题

随着考试的每年进行，关于"二级"考试的习题很多，考生没有必要靠做题来应付考试，做题的目的是为了巩固知识，有针对性地选择一些对应章节的习题即可。考生在做题的过程中会巩固自己看过的知识，有的题目会引起做题者的思考，考生这时不应只为了做对一道题，应透过这道题复习它所涉及的知识点，对于常见的题型，考生最好做一下整理，同一个知识点的不同题型可以整理在一起，并且时常翻看它们。现在书店有很多真题可供参考，考生可以选择一本知名度较高的试卷来配合自己的复习。

3．多上机实践

知识学习的目的是为了实践，仅仅靠复习理论知识在二级考试中是不行的。建议考生多验证一下书本上的程序段，不建议考生用复制粘贴的方式输入程序代码，建议初学者自己键盘输入。这样运行中会让自己学习到很多的编程习惯。经常性的记录自己犯下的习惯错误，可以不断地完善编程技巧，培养上机的基本能力。对于一些程序题目，起初可以参考别人的程序代码。到了熟悉软件程序的开发结构后，可以自己写代码解答。

四、解题技巧

笔试试卷的题型中有选择题和填空题。填空题考试难度会大一点，选择题相对来说容易一点，考生可以通过4个选择项比较来唤起知识点的记忆。不过这两种题型都是对基本知识的考查，它们主要是测试考生对相关概念的掌握，具体的应用要在上机考试中进行测试。考生应注意以下几个方面。

1．选择题

选择题为单选题，是客观性试题，每道题的分值为2分，试题覆盖面广，一般情况下考生不可能做到对每个题目都有把握答对。这时，就需要考生学会放弃，即不确定的题目不要在上面花费太多的时间，应该在此题上做上标记，立即转移注意力，作答其他题目。最后有空余的时间再回过头来仔细考虑此题。但要注意，对于那些实在不清楚的题目，就不要浪费时间了，放弃继续思考，不要因小失大。注意，二级笔试题目众多，分值分散，考生一定要有全局观，合理地安排考试时间。

绝大多数选择题的设问是正确观点，称为正面试题；如果设问是错误观点，称为反面试题。考生在作答选择题时可以使用一些答题方法，以提高答题准确率。

（1）正选法（顺选法）：如果对题干中的4个选项，一看就能肯定其中的1个是正确的，就可以直接得出答案。注意，必须要有百分之百的把握才行。

（2）逆选法（排谬法）：逆选法是将错误答案排除的方法。对题干中的4个选项，一看就知道其中的1个（或2个、3个）是错误的，可以使用逆选法，即排除错误选项。

一般情况下在做选择题过程中是两种方法的综合使用。例如：通过逆选法，如果还剩下2个选项无法排除，那么在剩下的选项中随机选一个，因为错选了也不倒扣分，所以不应该漏选，每题都选一个答案。

2．填空题

填空填一般难度都比较大，一般需要考生准确地填入字符，往往需要非常精确，错一个字也不得分。在分值方面，每题也是2分。所以建议考生对填空题不要太过于看重，与其为个别题目耽误时间，不如回过头来检查一些自己还没有十足把握的选择题。在作答填空题时要注意以下几点：

（1）答案要写得简洁明了，尽量使用专业术语。

（2）认真填写答案，字迹要工整、清楚，格式要正确，在把答案往答题卡上填写后尽量不要涂改。

（3）注意，在答题卡上填写答案时，一定要注意题目的序号，不要弄错位置。

（4）对于那些有两种答案的填空题，只需填一种答案即可，多填并不多给分。

3．上机试题

上机考试重点考察考生的基本操作能力和程序编写能力，要求考生具有综合运用基础知识进行实际操作的能力。上机试题综合性强、难度较大。上机考试的评分是以机评为主，人工复查为辅。机评当然不存在公正性的问题，但却存在呆板的问题，有时还可能因为出题者考虑不周出现错评的情况。考生做题时不充分考虑到这些情况，就有可能吃亏。

掌握好上机考试的应试技巧，可以使考生的实际水平在考试时得到充分发挥，从而取得较为理想的成绩。历次考试均有考生因为忽略了这一点，加之较为紧张的考场气氛影响了水平的发挥，致使考试成绩大大低于实际水平。因此每个考生在考试前，都应有充分的准备。总结以下几点供考生在复习和考试时借鉴：

（1）对于上机考试的复习，切不可"死记硬背"。根据以往考试经验，有部分考生能够通过笔试，而上机考试却不能通过，主要原因是这部分考生已经习惯于传统考试的"死记硬背"，而对于真正的知识应用，却显得束手无策。为了克服这个弊病，考生一定要在熟记基本知识点的基础上，加强编程训练，加强上机训练，从历年试题中寻找解题技巧，理清解题思路，将各种程序结构反复练习。

（2）在考前，一定要重视等级考试模拟软件的使用。在考试之前，应使用等级考试模拟软件进行实际的上机操作练习，尤其要做一些具有针对性的上机模拟题，以便熟悉考试题型，体验真实的上机环境，减轻考试时的紧张程度。

（3）学会并习惯使用帮助系统。每个编程软件都有较全面的帮助系统，熟练掌握帮助系统，可以使考生减少记忆量，解决解题中的疑难问题。

（4）熟悉考试场地及环境，尤其是要熟悉考场的硬件情况和所使用的相关软件的情况。考点在正式考试前，会给考生提供一次模拟上机的机会。模拟考试时，考生重点不应放在把题做出来上，而应放在熟悉考试环境，相应软件的使用方法，考试系统的使用等方面。

（5）做上机题时要不急不躁，认真审题。

4．理论考试综合应试

（1）注意审题。命题人出题是有针对性的，考生在答题时也要有针对性。在解答之前，除了要弄清楚问题，还有必要弄清楚命题人的意图，从而能够针对问题从容做答。

（2）先分析，后下笔。明白了问题是什么以后，先把问题在脑海里过一遍，考虑好如何做答后，再依思路从容做答。而不要手忙脚乱、毛毛躁躁、急于下笔。

（3）对于十分了解或熟悉的问题，切忌粗心大意、得意忘形、而应认真分析，识破命题人设下的障眼法，针对问题，清清楚楚地写出答案。

（4）对于拿不准的题目，要静下心来，先弄清命题人的意图，再根据自己已掌握的知识的"蛛丝马迹"综合考虑，争取多拿一分是一分。

（5）对于偶尔碰到的、以前没有见到过的问题或是虽然在复习中见过但已完全记不清的问题，也不要惊慌，关键是要树立信心，将自己的判断同书本知识联系起来做答。对于完全陌生的问题，实在不知如何根据书本知识进行解答时，就可完全放弃书本知识，用自己的思考和逻辑推断作答。并且，由于这里面有不少猜测的成分，能得几分尚不可知，故不可占用太多的时间。

（6）理论考试时应遵循的大策略应该是：确保选择，力争填空。

以上介绍了复习策略和做题技巧，做题技巧可以在训练中获得，但是知识和运用实践就要靠自己的真实能力了。仅仅依靠做题技巧和凭运气来应付考试，是非常被动的。功夫应该花在平常的积累上，多看书，多提问，多上机，多记录，加上必要的做题技巧，可轻松应对即将到来的考试。

附录 D 实训报告书写参考格式

实训名称：

专业：　　　　　　　班级：　　　　　　　姓名：

实训时间：　　　　　实训地点：　　　　　辅导老师：

一、实训目的

主要写清实训教材上的实训目的。

二、实训环境

包括软件、硬件环境。

三、实训内容

主要写清实训的内容，包括调试正确的源程序、运行的结果等。

四、实训分析

从实训目的、准备、编程、调试、运行结果、实训效果等方面分析，写出实训报告。

参 考 文 献

[1] 谭浩强. C 程序设计教程[M]. 北京：清华大学出版社，2007.

[2] 谭浩强. C 程序设计题解与上机指导[M].3 版. 北京：清华大学出版社，2005.

[3] 谭浩强. C 程序设计教程学习辅导[M]. 北京：清华大学出版社，2007.

[4] 牛连强，等. C 语言程序设计笔试习题点津[M]. 大连：大连理工大学出版社，2002.

[5] 赵宏. C 语言程序设计基础辅导教程[M]. 北京：中国铁道出版社，2000.

[6] 边奠英. C 程序与数据结构实习指导与模拟试题[M]. 天津：南开大学出版社，2003.

[7] 张高煜. C 语言程序设计实训[M]. 北京：中国水利水电出版社，2001.

[8] 周启海，等. 二级 C 语言程序设计考题精解与考场模拟[M]. 北京：人民邮电出版社，2005.

[9] 廖雷. C 语言程序设计习题解答及上机指导[M]. 北京：高等教育出版社，2003.

[10] 高福成. C 语言程序设计[M].2 版. 北京：清华大学出版社，2009.

[11] 姚合生. C 语言程序设计习题集、上机与考试指导[M]. 北京：清华大学出版社，2008.

[12] 郑阿奇. Visual C++应用实践教程[M]. 北京：电子工业出版社，2009.

笔记栏

笔记栏